米

中国米食

中国米食

THE CHINESE RICE BOOK

汉声编辑室 著

GUANGXI NORMAL UNIVERSITY PRESS

广西师范大学出版社

·桂林·

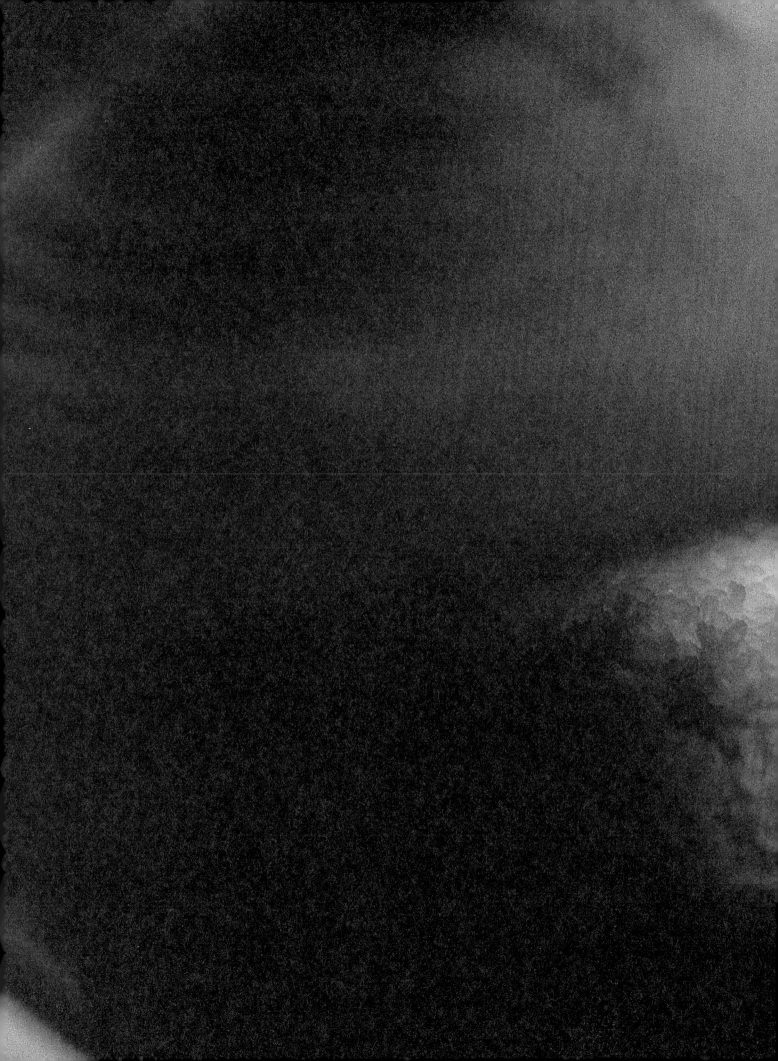

这本食谱是
中国人七千年的米食结晶
谨以本书
向历代农夫、掌炊主妇
和提升米食艺术的师傅致敬

从一丛丛青翠的秧苗，到满坑满谷的黄金稻谷，中国农村经过「春耕」「夏耘」「秋收」「冬藏」的循环，到年终农闲时，为感谢天地养育之恩，要举行谢神大典。在这本米食食谱的起首，我们也怀抱着同样的感谢之情。

出版序

米，为宇宙灵气所钟，饱含了天地营养精华。

米，是中国人的主要主食，七千年来喂饱了无数世代的子民。

米，替中华儿女造就了最坚牢的基础，使中华文明在中国古老的土地上灿烂开花。

在此，我们谨以这本《中国米食》食谱，向历代的农夫、掌炊主妇和提升米食艺术的师傅们致敬。这本食谱从最平凡的一锅白米饭，到变化万千的精致米食，都是先民辛劳、经验积累的结晶。我们希望这本食谱能带给现代中国人餐桌上的丰饶变化，更能进军世界，使惯吃面包的西方人亦能享受到米食的珍味。

早在1983年，台北汉声鉴于当时台湾稻米滞销、农田废耕等现象，推出了《中国米食》（繁体字版）。此书筹划前后共花了两年时间，动员数十位名厨及精于各地米食的专家，十多名编辑更是不辞辛劳，日日进行摄影、绘图、记录和实验工作，务使这本食谱能达到生动明晰、人人得而上手的效果。此书甫一出版，便在全球华人地区引起极大反响；尤其身处异乡的华夏子孙，口含芬芳米食，细品浓郁乡味，"何人不起故园情"。

二十多年后的今天，我们依然在谈中国的稻米文化，依然惊叹于传统的米食艺术，因为在当今中国，有65%以上的人口以稻米为主食；因为我国的稻米文化博大精深，从农耕生产、生活方式到信仰习俗无所不包；更因为近年来，随着城市化进程的不断推进、环境污染的日益严重，稻米生产面临着水、耕地、人力等资源不断减少的挑战，事实上，稻米危机已经成为一个无法讳饰的全球性问题。

为此，我们在《中国米食》（繁体字版）的基础上，结合当下之新变化，保留精华，尽力完善，完成了这本《中国米食》（简体字版），希望国人能将之充分运用在日常生活中，在丰富家庭餐桌的同时，更能细细体味其中的文化深意。

全书的设计分为"米粒篇"和"粿粉篇"两部分，米粒篇以朴素的饭团、粽子为开端，然后进入到饭菜混合的炒、烩、蒸、煮饭类。至此，你已掌握了米粒精微的特质，只要再继续跟随食谱，必可做出下一项变化多端、极尽精致的菜点米食。

接下来，有一连串米粒的变形篇幅，包括广大的粥品世界，焦米和锅巴的运用，酒酿和酒糟类的做法和活用。

米食的升华，在于磨米成粉，并用粉做出更加多姿多彩的食品。粿粉篇中，我们由各地年糕说起，进而了解各种糕粿的做法。然后，就粿粉食物的变形，谈各类米条、米片、米屑、米浆的制作及相关的饮食餐点。

全书记录的食谱及附带的应用法，总共可做出两百多道精彩的米食。所谓"运用之妙，存乎一心"，只要摸熟了这本食谱，了解米粒及粿粉的细微特质，你大可以成为一位米食艺术家，去创造更多芬芳美好的米食。

但愿《中国米食》带给你丰饶、健康、充满情趣的生活！

目　录

岁时节庆的米食

春

　　"正月里，闹元宵；二月二，撑腰糕；三月三，眼亮糕；四月四，神仙糕；五月五，小脚粽子箬叶包；六月六，大红西瓜颜色俏；七月七，巧果两头翘；八月八，月饼小纸包；九月九，重阳糕；十月十，新米团子新米糕；十一月里雪花飘；十二月里糖菌糖元宝。"

　　从这首江苏民谣，我们可以了解到，在一年四季里，绝大多数中国人的生活都与形形色色的米食密不可分。平日，中国人天天吃饭，米是最简朴、最基本的民生需要；而一旦传统节日来临，家家户户都会兴高采烈地舂米、磨米，平凡的白米顿

　　大正月里过年，这是中国人最热闹的节日，又叫春节。过年要从初一直过到十五元宵节，其间多半地区的人都会喜滋滋地吃着各式用米做的、象征"年年高升"的年糕。广东的萝卜糕、浙江的宁波年糕、江苏的桂花猪油年糕和糖年糕、台湾的甜年糕、

春饭

金银如意

大红大金的春花渲染出
过年的喜气

五代富贵年糕

时更改了模样，成为各色各样的节令米食。

　　中国以农立国，辛劳终年的百姓，从四季循环里提升出一连串各具情趣的岁时节庆。由年头到年尾的岁时节庆中，人们一面以精致的米食祭拜天地祖先，一面也可以放下工作，口含芬芳米食，暂时悠游于岁月之间。所以，看似微小的节庆米食，内中自有中国人顺天应人、在悠长历史发展中保持青春活力的奥秘。

　　下面，就让我们由年头到岁尾，大致点数一下中国人的节令米食吧！

北方的枣糕和金银年糕都是有名
又好吃的年糕。

灯火照眼明的元宵节是新春
的压轴节目。为祈求新的一年诸
事圆满，不论南方人、北方人，
家家都要吃圆滚滚的汤圆。

时序进入二月。在这万
物复苏的春耕时节，农民会在
二月二土地公生日这天，祈求

过年除了元宵闹灯
各种庆祝节目还多着呢！
品尝着
形形色色的年糕、汤圆
更祈求着
步步高升、团圆美满

圆仔

苏式年糕

宁波年糕

台式甜年糕

金银元宝

青团

台北万华龙山寺前的元宵灯

土地公保佑年谷丰登，然后就要挺
起腰杆，展开一年的农事了。于是
清代吴地的风俗要在这天煎食新年
留存的年糕，谓之撑腰糕，希望食
糕之后，腰杆能撑得更硬。

清明时节，春草欣欣滋长，
各地的人们常先摘了艾草、蓬蒿
或鼠曲草之类的青草，做成带有
清香草味的粿，再在清明这天带
去上坟祭祖。

11

夏

夏天是节庆很多的热闹季节，其中最重要的大节，自然要数五月五日端午节。这一天，有河水的地方都会掀起赛龙舟的热潮，各家主妇则忙着用竹叶包粽子，要祭一祭大诗人屈原，也让一家老小尝一尝各种粽子的美味。

粽子种类繁多，而且各有特色，像浙江的湖州粽、广东的裹

肉粽

碱粽

粄粽

台湾宜兰礁溪龙舟竞渡的情景

七夕圆仔

入夏逢端午
光了背脊的人们在阳光下
奋臂争胜赛龙舟
赛罢登岸后
来！尝一尝透着草叶清香
美味的粽子吧！
到了牛郎织女在天上
重逢的七夕佳节
吃一碗圆仔
共祈人长久，不相离

蒸粽、客家的粄粽、台湾的烧肉粽，滋味虽然不同，但都引人垂涎三尺。

端午之后的大节是七月七日的七夕佳节，民间妇女在这中国的情人节晚上，要用鲜花、香粉，或再加上汤圆来拜织女。台湾的习俗是在搓好圆仔后，再在上头轻按一个陷下的小洞，据说这是给织女装眼泪的。

接下来是七月十五中元节。民间为了祭祀祖先及普度众"鬼"，会举行盛大的宗教活动，并以一篮篮、一盆盆叫作孤饭的白米饭普施无主孤魂。此外，形如神笺的芋粿翘以及桃形的红粿，都是中元不可少的祭品。

夏天也是农忙时节，农村妇女有时会用扁担挑着点心送到田边。比如在台湾，妇女最常准备

在中元节
人们一面请来观音化身的
大士爷镇压众"鬼"
一面准备了丰盛的孤饭
红粿、芋粿翘
祭拜并飨宴"鬼魂"

的点心是带有凉性的米苔目。吃一碗搁在糖水里的米苔目，让人齿牙生津，气力顿长。

炎炎暑气中，满塘的荷花开得正盛。民间最擅长将当令的蔬果运用于日常饮食，这时候，截取鲜藕来煮糖藕粥，摘下碧绿的大荷叶来做荷叶稀饭、荷叶包饭，或是用荷叶包了裹上蒸粉的肉来清蒸，吃起来但觉荷叶香或莲藕香夹着米香，更兼清新甘糯，实在爽口极了。

米苔目冰

孤饭

红粿

台湾东势举行普度仪式时竖立庙前的大士爷

秋

九月九日重阳节是在中秋以后的节日。传说由避灾疫而起的重阳节，到后来演变为登高旅游佳日，也是最富情味的节日。这时节天朗气清，金风送爽，全家结伴登高，不但可以锻炼手足筋骨，也能使心情开朗，真是极有意义的活动。

九九重阳
天朗气清，金风送爽
正宜于暂抛尘俗
走向野外。这个时候
带了插有各色彩旗
糯米制的重阳糕去登高
既可垫饥，又富情趣
吃了糕后
更祈愿百事俱高

从唐朝起，人们还携带了糯米做的重阳糕上山。登眺之后，取下糕上的彩旗，插在山头，合家再分糕而食。

重阳过后不久，便是农家在田间忙着收割、打谷的时节。闽台地区的农家妇女会准备一锅雪白滑腻的糯米麻糍，给在田里工作的人送去。吃的时候，加上生姜红糖水和花生屑，暖滋滋的，可让人更有气力工作啦！

台湾宜兰太平山秋景

重阳糕

姜糖麻糍

冬

冬至这一天是时序中的重要转折点，过了冬至，便日渐长、夜渐短，春天快要来了。冬至要吃汤圆，滚圆的汤圆正象征着全家大小团圆过冬。

有趣的是，过冬至不但人要吃汤圆，牛也要吃呢！原来这一天人给整年辛苦的牛过生日，便象征性地喂牛吃汤圆，将汤圆粘在牛的头盖顶与两犄角上。

过冬节时，大人忙着搓汤圆，小孩子则在旁边用五颜六色的粉团揉捏成叫作"鸡母狗仔"的各种小动物，揉好后上笼蒸十多分钟，即变得晶莹剔透。小孩子做鸡母狗仔做得趣味盎然，大人则会用他们的作品去祭拜祖先，祈求六畜兴旺呢。

民间冬至做鸡母狗仔献神
并用汤圆给牛过生日
送灶时则以汤圆
甜甜灶神的嘴

台湾龙潭农夫冬节喂牛汤圆

鸡母狗仔

腊八粥

送灶时在灶神嘴上粘上汤圆

过了冬至不久便是十二月八日，这天俗称腊八，民间承袭佛教的习俗，用各种豆类、干果和米一起熬成香喷喷的腊八粥。大家相信喝了腊八粥，就能长得更为健壮。

紧接着是腊月二十四送灶的日子，相传这天灶神要回天宫向玉帝述职。地上百姓为了拜托他"好话传上天，坏话丢一边"，便用甜汤圆粘在灶门或灶神的嘴上，好甜甜他的嘴。

送灶神上天之后，家家忙着大扫除，以迎新春，年的气氛又一天天浓烈起来了。

七千年的米香

放眼中国人的米食世界，着实令人惊叹。由日常平凡的一碗白米饭，竟可以变化无限，做出林林总总的糕、粿、粉以及极精致的餐点。这真可说是传统家庭主妇"一缸米的魔术"了。

这一缸米的魔术，不但人们逢年过节要用它，平日大宴小酌也离不开它。各种各样的米食，使中国人口里带着米香，悠游于天地岁月之间。

在享用米食的同时，我们可以领会到：中国人食米七千年，中华民族也可能是世界上最早耕作并使用稻米的民族。由于稻米和民族命脉牢不可分，人们奉天敬祖、节令礼俗中无不以米食为最尊贵的食品，累积七千年的炊食经验，掌握了稻米最细微的特质，才有各种米食的流传。说起来，藏在美味米食背后的，正是中华文明开拓、发展的一段史诗，有待我们去进一步认识。

老祖先驯化了旷野里的稻子

稻米，是一种禾本科植物结出的极娇小的穗粒。今日的植物学家仍能在一些地方找到原始野生稻的痕迹。野生稻和田里的人工栽培稻很不一样，它的谷粒细小而色黑，有长芒，里面的米粒发红，一成熟便脱落坠地。如果取一株纤小而黝黑的野生稻和饱满又金黄的栽培稻做比较，就可以察觉到：稻子形态的演进，正代表了人类文明跃升的一大步。

据推测，早在石器时代，人类就已经在中国南方潮湿的土地上，尝试了鸟类争相啄食的野生稻谷。这种微甜的细小谷食的好处是携带方便，可以长期贮放而不腐坏。但野生稻最大的缺点是：谷粒一成熟就脱落，很难捡拾。

每至秋高气爽，野生稻结实之际，老祖先便到草原上去摘稻穗，他们往往放弃脱落在地的稻谷，只挑结穗饱满而尚未脱落的部分。这些经过人工挑选的谷子偶尔洒落在地，自然形成了谷粒比较不易脱落的稻子群落，这便是中国稻米农业的第一线曙光了。

观察到稻子生长的人们，开始试种稻子。年复一年，稻米"不脱落"的特性经人不断选择、强化。经过无数世代的努力，顽强的野生稻终于被驯化成类似于今天的栽培稻，老祖先的生活形态也由渔猎进入安定的农耕。稻子植物性的演进，可以说是人类文明演进中最重要的大事之一。

稻米的发源和北传

20世纪70年代在我国浙江省余姚市的河姆渡村发掘出了史前人工栽培稻的遗迹。人们挖出了大片堆积约有四五十厘米厚的稻谷、稻秆、稻叶。稻子的形态已是人工栽培稻而非野生稻。考据其耕种时间，竟在七千年前的新石器时代。

这一项考古发现令全世界的学者为之瞩目。第一，它推翻了中国稻米由印度传入的说法，证实了中国可能是世界上最早种稻的国家。第二，从前人们都以为北方的黄土高原是中国文化的唯一摇篮，如今可知南方的文化也发源甚早。

由于中国气候和自然环境的差异，古代的北方人以耐旱的小米、小麦等为主食，发展出了极高度的农业文明；而南方长江流域一带只有点状、不成熟的开发，大部分地方还是蛮荒一片。一直要等到稻米随人北传，与北方的优秀农业技术相结合，稻作农业才真正在中国土地上灿烂开花。

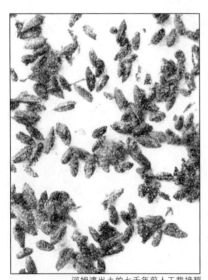

河姆渡出土的七千年前人工栽培稻

这捧稻谷中蕴含了经济、文化发展的生机

江南——中国最丰硕的米仓

稻米，随着人的迁徙，由长江流域往北行，从江淮平原、江汉平原，进入华北的黄土区域。居住于北方的祖先们领受了稻米的美味，将其视为极名贵的食物。《论语·阳货》中有一段孔夫子训诲弟子的言语："食夫稻，衣夫锦，于女安乎？"孔夫子把稻米和高贵的锦并列，可见当时稻米珍贵，在北方只有少数贵族享用。

然而在农业发展上，北传的稻作却吸收了当时最尖端的农技，包括铁制农具、牛力、水利建设等，逐渐发展出稻米选种、浸种、育秧移植等特殊技术。这套技术不但在日后把江南开发成水田遍地的鱼米之乡，更影响到日本、朝鲜，造就了整个东亚温带季风区的农业形态。

公元3世纪之后，华夏民族随着东汉崩坏以及五胡乱华、中原扰攘等历史浪潮，移民一拨拨往秦岭和淮水以南的地区迁移。他们带着优秀的农耕技术，大片开发蛮荒的土地，耕耘出良田万顷的锦绣田园。俗称江南的长江以南地区竟成了供应全中国粮食的"米仓"。

在战国以前，人们习称代表性的五项农作物为"麻、黍、稷、麦、菽"。在这名单上，稻子尚未取得一席之地。但到唐朝之后，五谷的名单变成了"稻、黍、稷、麦、菽"，稻米已经荣登重要农作物的第一名。从此以后，稻米一直保持这份荣誉，成为大部分中国人的主食。

经过隋、唐、五代到宋朝不断的经营和开发，江南的稻米成为维系国力的最重要因素。像北宋时，南方每年须送约五百万石米粮到京师。因此有人说："天下无江淮，不能以足用；江淮无天下，自可以为国。"

在"西塞山前白鹭飞，桃花流水鳜鱼肥"的江南，漠漠的水田阡陌，不但蕴含着经济、文化发展的生机，也成了我们民族生命力的象征。

稻米的种类

我国稻农早在明代以前就培育出了许多稻种。李时珍《本草纲目》说"其种近百"；贾思勰《齐民要术》中提到："南方有蝉鸣稻，七月熟。有盖下白稻，正月种，五月获……"那么，平日里我们习以为常的稻米究竟有哪些种类呢？

一般认为，当今稻属有二十余种，其中两种为栽培稻，其一为非洲栽培稻，目前仅存在于非洲尼日尔河中下游及南美圭亚那；其二为亚洲栽培稻，占据了全球五大洲栽培稻种植面积的95%以上。因此，通常所说的栽培稻即指亚洲栽培稻，它可分为籼稻和粳稻两个亚种。

籼稻的谷粒较细长，略扁平。籼米又名南米、机米，其吸水性强，胀性大，蒸煮后黏性较小，出饭率较高。籼米口感较粳米粗硬，易消化吸收。我国市面上常见的有丝苗米、猫牙米、中国香米、泰国香米等。

粳稻的谷粒一般较肥厚，横断面近于圆形。粳米的吸水性较弱，胀性小，煮后黏性、油性均大，口感柔软，出饭率较低。我国市面上常见的有东北珍珠米、天津小站米、上海白粳米等。

在籼稻和粳稻两个亚种之下，又可分为早、晚，水、陆，糯、非糯等不同类型，其中尤其值得一提的是糯稻。籼糯外观细长，因此人们习称为"长糯"，与此相对应，"圆糯"便是指圆短的粳糯。

稻米所含淀粉分为直链与支链两种，支链淀粉含量越高，蒸煮后黏性便越大。糯米含有90%以上的支链淀粉，因而具有一种特殊的软韧食味，口感好，也易于成形。人类出于对鬼神和祖先的崇拜，总希望献之以佳品，因此，用糯米酿的酒醴、做的米食很早便成为重要的祭品，例如《山海经》中就有"其祠之礼……糈用稌米"的记载（"稌米"即指糯米）。时至今日，糯米制作的糕粿点心，如年糕、粽子、汤圆等，在岁时节庆、生婚寿葬等重要日子依然扮演着不可或缺的重要角色。不过，糯米因不易消化，一般不作为日常主食。

"南籼北粳"的传统格局

在我国，稻米的种植格局大致可以"南籼北粳"来概括。具体来说，籼稻主要分布于华南热带和淮河以南亚热带的低地；粳稻主要分布于太湖地区、淮河以北地区以及华南海拔较高地区和云贵地区。

与"南籼北粳"的种植格局相对应，我国的稻米消费也大致呈"南籼北粳"的格局，也就是说，南方人多吃籼米，北方人多吃粳米。不过，自从20世纪80年代以来，粳米的消费量大大增加，尤其在长江中下游地区，稻米的消费呈现出由籼米向粳米转化的趋势。粳米，尤其是东北大米，凭其外观、口感和品质而广受青睐，越来越多地占领了中国人的餐桌。

其实，籼米和粳米营养大抵相当。中医认为，籼米味甘，性温，有温中益气、养胃和脾、除湿止泻之功效；粳米味甘，性平，有健脾和胃、益精强质、除烦止渴之功效。从口感来说，粳米软黏，易为大众所接受；而做炒饭、糕粿等，则以口感松爽的籼米为佳。总之，无论是用粳米还是籼米，只要选择得当、因材制宜，都能做出好吃又营养的米食！

做米龙，勿做米虫

吃了七千年米，不知不觉稻米农业的特质已成为中国人民族性的一部分。

长辈常训诲子孙说："孩子，要做米龙，不要做米虫啊！"

现在，就让我们探究一下中国人这条米龙的性格吧！

春耕、夏耘、秋收、冬藏，是中国农业社会数千年不断的循环。由于农业的需要，人民习惯于定居。举家父子兄弟夫妇，都是田里的劳动者，他们日出而作，日入而息。每一个农民既是生产者，也是分配者和消费者。在性格方面，因为农作比起其他工作，需要人投入更多的心力与时间，丝毫大意不得，于是"勤劳"和"忍耐"便成为最基本的民族性。

因为一分耕耘、一分收获，其中毫无投机性可言，扶犁荷锄的人便在田里学会了"安静"与"中庸"。也因为人必须长期与土地共生，不能只顾一时，任意掠夺、毁弃土地，这就学会了"仁爱"与"和平"，以及乐天知命、顺应自然的道理。更因为家庭是一个长久的农业单元，所以中国人特别讲究伦理孝道，希望子孙众多并且世代绵长。

从这个基础，中国发展出"万物静观皆自得，四时佳兴与人同""天人合一"的思想与文化。特别在文学艺术的范畴，往往把人生融入自然，追求一份天、地、人融合无间的安详境界。

回顾历史，多少游牧民族入侵中国，甚至主掌政权，最后却为中国深厚的农业文明所同化，从中便可了解食米民族外表柔弱，内在却充满韧性的特质了。

古来的中国人，根植于农村大地，以春耕、夏耘、秋收、冬藏为周而复始的运转，从中提升出年头至岁尾，绵密而富情趣的岁时节庆，每至节日佳期，便用自己种出的米做成精致可口的米食，与天地神明同享。在这本米食的食谱里，处处都是芬芳米香，处处都有古人的智慧和体验。我们深愿这本食谱能伴随着中国人厨房的米缸，永远留传下去。同时，我们也希望这份米食的艺术，能在全世界发扬光大。

拔光带露的秧苗
提醒人要付出劳力勤耕耘

18

古代的种稻图

1. 耕

水稻必须生长在水田里，因此将田土整治得湿软合宜是稻作最基础的一步

首先在上季稻作收成以后，得要赶牛拉犁，一道一道翻松田土

使下层土壤翻盖在上一季用过的表土上

而残余的稻秆也能覆在土中，腐烂成肥料

接下来在插秧前约半个月，就要引水进田，泡软田土，再粗耙、细耖几番

最后用碌碡拍打一遍，田土方才匀细平整，适宜种稻

世界上许多古老文明的发源地
本为农业沃土
今天往往只剩一片荒凉沙砾
中国人经营农业七千年
土地却至今还能维持地力和生机
这是由于中国人懂得一切取之于土地
因此应该爱护土地的道理
而发展出一套不乱斫伤自然的农业技术

在台北故宫博物院收藏的多册清朝版《耕织图》中，我们特别从陈枚所绘的一册彩画本《耕织图》中，选出8幅描绘精细的耕图，并配合图像，简介其内容。这8幅图的内容分别是：耕、布秧、一耘、收刈、持穗、舂碓、簸扬和入仓，从中可以看出古代的中国农民是如何依循季节轮替，进行着"春耕、夏耘、秋收、冬藏"的种稻工作。直到今天，田间的农人虽然以耕耘机取代牛犁田，以化学肥料取代粪便肥田，但这只是技术比较进步、工具也更机械化而已，至于耕作的原理和步骤，与《耕织图》所记录的传统耕作方式可说是一样的。

说到详细记载着古代耕织技术的《耕织图》，其实并不是单纯关于农耕或机织的抒情性绘画，而是由皇帝饬令画家制作，再加颁行的农民教材，劝农色彩非常浓厚。

为什么古代的皇帝要颁行《耕织图》于天下？因为他们深深了解：吃不饱的百姓不会进一步去学习礼仪荣辱，更别谈农村稳定、天下太平了，所以得要设法传布正确的耕作技术，提高粮食产量才行。在教育不够普及、识字的人不多的年代，运用图画教育来推广农业自然是有效的办法。从汉朝开始，政府便借着石刻或壁画劝农。到了南宋高宗时，浙江县令楼璹精心制作了描述农家耕织过程的45幅图画，每幅画都配上写实的诗，立刻传诵朝野，广为流传。中国最早，也最完整的描述稻作过程的图画，就这样诞生了！

可惜楼璹的《耕织图》今天已经无法看到；所幸，台北故宫博物院收藏着许多册根据楼璹原意，以清代画家焦秉贞所绘《耕织图》为蓝本而制作的清朝版《耕织图》，或为彩绘，或为木刻版画，陈枚的彩绘本就是其中之一。

清版的《耕织图》包括耕图、织图各23幅，每幅画中都刊有楼璹的五言诗。细审耕图部分的图与诗，我们可以看出：年复一年，中国的农民向大地求生存所费的心力，以及配合季节工作的那份顺应自然的生活态度。

2.布秧

整完田土，下一步工作是布秧，也就是
将谷种撒在一块已经调理得似豆腐般细滑的秧田里
等谷种抽出的秧苗长到三寸长时
还要将秧苗移植到水田里去。这育秧移植的技术
可以促使稻株发育良好，并增加收获量

3.一耘

插秧以后半个月，稻丛间的野草逐渐抽长
妨碍了稻子的成长，农人便要施行一耘
此后还要二耘、三耘，甚至四耘
把野草连根拔起，倒按在土中，让它腐烂
成为稻田的肥料。在这时节，为使稻株更加苗壮
灌溉和施肥也是不可省略的重要工作

陇亩上铺满一层黄金谷粒，这是欢欣的收获季节
农人躬身割稻，唰唰的声音响彻田野；村里的孩童跟着捡拾散落的稻穗
或在骤然低矮了的田里嬉戏笑闹

4. 收刈

插秧以后三四个月，时序进入秋季
稻子成熟了，农家即将为收割而忙碌。这时候，农人最担心的就是变天下雨
因为田里结实沉重的稻子一旦被雨水打湿，便会倒伏下来，不易收割
终于在一个秋阳当空的日子，大家下田工作了：
左手满握一把稻子，右手便用刀口上有细细锯齿的半月形镰刀霍霍收割
割下成摞的稻子，要扛运到晒谷场晒干

5.持穗

秋季干爽少雨的天候，将成堆的稻谷
烘得非常干燥之后，农家把连稻秆的稻子
在晒谷场上平摊开来
再用前端有几片竹片的长把连枷击打着谷粒
在唰唰声响中，饱满的谷粒和稻秆分离了

7.簸扬

捣除了外壳的米粒
还同空心的谷子和残留的稻叶、断秆混杂在一起
因此得要进行用竹箩筛除、当风簸扬的工作
较轻较小的残叶碎壳筛落扬除以后
留下的便是玉粒般洁白的谷米了

6.舂碓

一粒粒金黄的谷粒已经由稻秆上打落下来
但还需要脱除谷粒外层坚硬的谷壳
才能吃到壳里洁白的米粒。于是农村里由日到夜
家家户户都响起以杵舂捣稻谷的声响
有些地方用脚踏的碓
或以水力转动的水碓捣除谷壳，这便较为省力

8.入仓

现在只剩下把簸扬干净的稻米
送入谷仓这件工作要忙。谷仓的设计非常重要
必须能够防虫、防鼠、防潮，以减少粮食的损失
一年即将结束
农家在将稻米收贮入仓以后
便可祭神谢天，欢庆丰收了

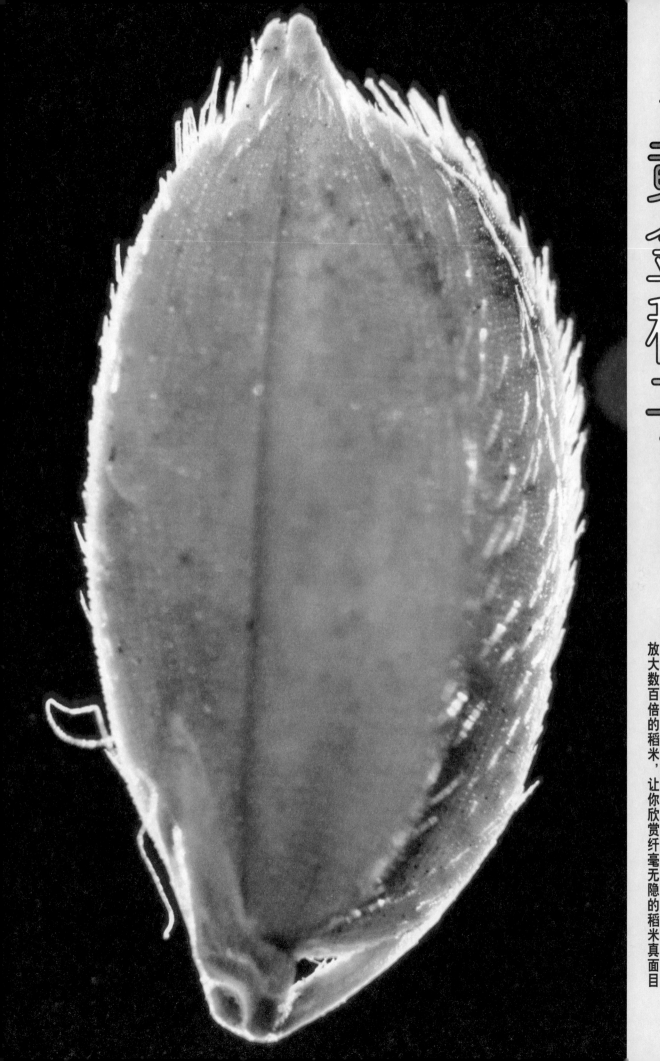

一粒 黄金种子 的营养

吃米饭长大的中国人，平常看惯了微小的稻谷和白米

然而，你可曾真正仔细察看过它的模样？

在这里，我们特别刊出显微摄影下

放大数百倍的稻米，让你欣赏纤毫无隐的稻米真面目

很多人认为，吃小麦做的面食能比吃米饭摄取到更丰富的营养，因此一般吃面食的欧美人都比吃米饭的中国人高大，甚至于中国的北方人比南方人高大也是因为北方人常吃面食的缘故。难道米饭真的是次等食物吗？其实这是错误的观念，因为米和麦的营养成分主要都是给人供应热能的淀粉，吃米或吃麦不会使人的体质有那么大的差别。如果再比较一下米、麦所含蛋白质（这是人体最不可缺少的营养素）的营养价值的话，小麦还比不上稻米呢。由此可见，米饭对我们的贡献是可以傲视小麦的。

我们天天吃饭，但是很少有人有机会真正仔细地谛视一粒稻米。现在就让我们在显微镜下，逼近审视一粒骤然增大数百倍，因而纤毛毕现的稻米吧。揭除这粒稻米的谷壳后，里面的米仁便显现出来了。这米仁的结构可不简单，从右图可以看出它包括了外层的米糠、米糠里面的胚乳，以及位于胚乳基部的胚芽。若再单看米糠，它还由外往内细分为外果皮、中果皮、十字层、种皮、糊粉层五层。

如此细致的结构实在是造化巧妙的设计，一层紧包一层的米糠身负重任，严密保护着里面洁白的胚乳，以及最重要的生命根源——胚芽。我们若将这粒完整的米仁埋进土里，位于基部的胚芽就会萌发细根嫩芽，成长为一个新生命！

为什么胚芽能够萌生出新生命？因为它可以从整粒米仁吸取到生命成长所需的全部营养素。细究起来，一粒微小的稻米中竟然蕴含了蛋白质、脂肪、糖类、矿物质、维生素B、维生素E等多样营养素，这真可以说是生命的奇迹了。

在稻米所含的各种营养中，蛋白质、脂肪和糖类是人体最需要的三大营养素。如果以一碗饭约100克的米来计算的话，其中应有72.5克的糖类、7.4克的蛋白质，以及

2.3克的脂肪。别看这其中蛋白质所占的比例并不高，若以营养价值来计算，在植物性食品中，除了黄豆，便数稻米所含蛋白质的营养价值最高了。

100克米中除了蛋白质、脂肪、糖类以外，另有15.9克的水分、食物性纤维和其他营养素，其中食物性纤维虽然没有营养，却具有通便、去毒、减肥的作用；矿物质能使人的血液呈中性偏碱性，有利于健康；维生素B能预防脚气病；维生素E则能保护人体的组织，预防老化，使青春常驻。

然而今天一般人所吃的米饭并没有这样丰富的营养，因为我们吃的饭多半是用精白米煮的。所谓精白米就是去除了米糠和胚芽，只剩胚乳的米，因此它便只具有胚乳的营养，而胚乳的营养，主要只是糖类。

其实我们只要改吃胚芽米，便可以摄取到丰富得多的营养。胚芽米是只去除米糠，还包括胚芽和胚乳的米，因此它不只含有糖类，还有许多含藏在胚芽里的蛋白质、脂肪、矿物质和维生素。

但是我们若想吸收稻米全部的营养，那就得改吃糙米了，因为糙米才是连米糠也不去除的全米。它包括了米糠里面的蛋白质、脂肪、矿物质、维生素等等，营养比胚芽米更丰富。

糙米蕴含着丰富的、足以维持胚芽萌生新生命的全部营养，对人来说，也是营养最完整的纯天然食品。此外，现代人饱受环境污染之害，吃糙米更可以促进循环、消化，达到解毒的功能。在这里，我们郑重地向读者推荐营养充分的米饭，也就是糙米饭。在下面的两百多道米食中，我们特别提出糙米饭的基本做法，就是希望大家煮出好吃的糙米饭以后，也可以变换花样，运用糙米去做本书中的其他米食，以增加日常的营养。

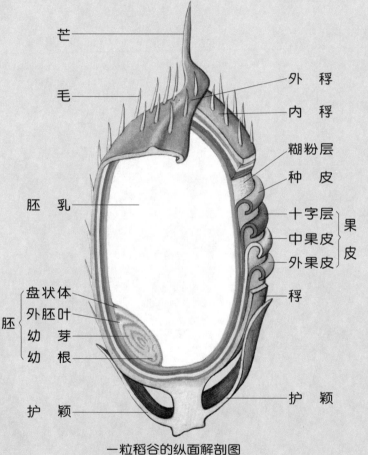

芒
毛
外稃
内稃
糊粉层
种皮
胚乳
十字层
中果皮　果皮
外果皮
盘状体
外胚叶
幼芽
胚
幼根
稃
护颖
护颖

一粒稻谷的纵面解剖图

一粒放大了的稻米，很像一枚鸡蛋。揭去一半表壳后，我们可以清楚地看到基部的胚芽。整粒稻米包含了碳水化合物、蛋白质、矿物质、脂肪、维生素等复杂成分。靠了这些养分，胚芽才得以发育成一株稻子。也靠着同样的养分，一代代的中国人成长、壮大！

煮饭知多少

要吃到软硬适中的饭，
得知道煮饭的诀窍

我们的老祖宗煮了几千年白米饭，积累下许多看似平凡、实则奥妙的煮饭技术，由此煮出非常好吃的米饭。今天我们常以为煮饭很简单，其实把握不住煮饭诀窍的话，便煮不出软硬适中的好饭。下面将从比较科学的角度，分析煮一锅理想白米饭的诀窍。懂得这诀窍以后，即使是用电饭锅煮饭，也会比别人煮得好吃。

与煮好吃的饭相关的知识有：一、米的选择和贮藏法；二、用水的方法；三、用火的方法；四、熟饭的处理。

米的选择和贮放

大抵说来，我们在商店选米时，应抓一把在手中瞧瞧，如果米粒大小齐整，不掺碎米，形状饱满，色白而略带透光性，这样，便可算是好米了。

已经去除了米糠和胚芽的精米，主要的成分是淀粉，如果长期接触空气，会产生酸化作用，发出不良气味。所以过去经验丰富的老农夫在春出白米后，都用木桶或瓦瓮贮放在没有阳光的角落，以免白米变质。

今天家庭购买白米，最好不要一次买太多，以十天半月能吃完的分量为限。在气候湿热的地区，应将米桶放在阴暗、干燥、温度低的地方。如果可能，最好放在冰箱里贮存。要想煮出好吃的饭，这可以说是最基础的条件。

米粒淀粉的糊化作用

一粒干硬的生米会煮成膨大柔软的米饭，是因为经过了糊化作用。

如果我们先认清米的糊化过程，就能了解煮饭用水和控制火候的道理了。原来，当生米浸饱水分、加热之后，淀粉粒变成糊状，这便是糊化。如果水太多，加热太久，糊化过度，就成为烂饭和稀饭。如果米粒的内部没浸足水，煮饭时只有表面糊化，就会煮出"夹生"的饭来。最好吃的饭，既要糊化，又要保持淀粉粒的完整和韧性。如何使这看起来互相矛盾的两个条件并存，就是煮饭的要诀所在了。

从这糊化作用的原理，我们来看用水和用火的秘诀。

快速洗米，长时浸水

有经验的家庭主妇都知道洗米的诀窍：要快速地冲水、搓洗，靠米粒的激撞、摩擦，去除残留的杂质和灰尘。

因为米粒吸收水分的速度并不慢，最初入水的5分钟，吸水量达10％。如果把米浸在太多水中，慢吞吞地洗，米粒容易吸入杂质和脏水。所以洗米时动作要迅速、敏捷。

洗米的步骤完毕之后，最重要的一件事，便是浸水。煮饭前，米粒能充分吸收干净的水分是煮出一锅好吃的饭的最主要条件。一般来说，米粒浸水1小时，吸水量达80％；浸水3小时，就可以完全吸饱水分了。因此，主妇洗米时间最好提早，使米能有1～3小时的浸泡时间。如果时间不充裕，也可以用温水

南宋李迪的
《风雨归牧图》局部

26

泡30钟，以增加米的吸水量。

锅内该放多少水？

用科学的比例来看，水和未浸泡过的米的容积比应是1:1。当然，这个比例还会因为米的种类、新旧而略有变动。譬如说新米煮饭需水略少，旧米煮饭，水要加多些。

如果我们把科学比例和传统量水法进行比较，会发现两者是很接近的，这就不能不佩服传统的煮饭经验，看似平凡，却也是祖先传承下来的智慧。

上火煮饭时，锅内该放多少水，一直是最令人头痛的事。水多了，成烂饭；水少了，夹生饭。从前主妇日日煮饭，把经验累积起来，形成一个很巧妙的诀窍，那就是把锅内的米推平，放水至米面一个指节的高度；或者，把手掌平放米上，使水没过手背一半。八九不离十，这样的水量刚好煮出一锅香喷喷的"焖饭"。

用火的技术

古人煮饭，称为炊饭。炊就是"爨"，在古义中除了象征手持锅在灶上炊煮之外，还有用双手将柴火往火中推的意思。换句话说，炊的意思除了煮之外，还牵连到火候的适当运用。

在煮饭经验不够丰富的地区，或是农村大量煮饭、顾不及细腻技术的人家，会使用"捞饭"或"蒸饭"的方法来解决吃饭的问题。真正好吃的饭，应该是"焖饭"。焖饭的技术是一连串煮、蒸、焖的复合技术。

焖饭时，先在锅里加了分量适当的水，把锅加盖后连水带米放到火上煮，火应充足但不能过旺，以免过快蒸发水分。等米水沸腾后，将火势减小为文火，以避免水分溢出锅外。一段时间后，水分蒸发得差不多，靠着火和水蒸气的热力，米粒也已糊化胀大了。这时候，火势应尽量减至极弱或完全熄灭，利用余热把锅中水蒸气驱干，这便是最后"焖"的功夫了。

在做焖饭的过程中，决不可掀开锅盖，否则，水气焖不干，米饭表面无法达到坚韧而有弹性的状态。

电饭锅煮饭，过程原理和传统的焖饭大致是一样的。不过，电饭锅焖的时间往往不够。有经验的主妇都知道，在电饭锅开关跳起后四五分钟，把开关再按下一次，两度加热后，电饭锅的饭会更好吃些。

米饭的老化

好吃的饭究竟指的是什么呢？其一是指游离氨基酸和游离糖的味道，其二是牙齿咬嚼的韧度。当然，饭粒的光泽、香味也都是诱人食欲的因素。

因此，我们煮了一锅好饭，还得注意维持米饭中好的素质。通常淀粉吸收水分，受热糊化，这种现象叫作Alpha（α）化。Alpha化的淀粉若是放在冷的地方，又会慢慢变硬，渐渐变回原来淀粉的原貌。这种倒回现象，叫作Beta（β）化，又叫老化。它形成的淀粉，叫作Beta淀粉，是非常难吃的淀粉。变成冷饭的老化淀粉，再蒸热来吃，滋味就要差得多。

根据实验结果，在50℃~55℃之间，是淀粉老化最迅速的温度带。所以，如果米饭吃不完，需要保存，应该先用密闭的容器将米饭放妥，以防水分散失，然后迅速放进冰箱贮藏。这样，缩短了米饭通过老化温度的时间，可以减少剩饭的老化，再蒸热吃时，也比较能接近新鲜饭的味道。

相传为南宋马和之
所绘的《孝经图》局部

清代朱圭所刻
《耕织图》中《舂》的情形

别忘了自己动手，做一锅好吃的饭！

一直到今天，欧美人大多不懂煮米饭的诀窍，他们有时会从超级市场买一袋有孔洞的塑料袋装米来做点心，连袋子一起投进热水中煮，再连袋捞起。打开来吃的时候，往往不是过烂，就是半生不熟。毕竟，以小麦为主食的欧美人，是不太懂米饭的美味究竟是如何的。

对我们来说，吃饭的意义就大大不同了。掌握了煮饭的诀窍，就等于改善了我们每日的口味和营养，实在非同小可。

无论是用方便的电饭锅煮饭，还是在有空时，按步骤煮一锅带有一层微黄锅巴的焖饭，都不要忘记了洗米、浸水的技术，并且注意要加长焖的时间……

总而言之，让我们每天掀开锅盖，都能看见一锅香喷喷的白米饭吧！

如何煮胚芽米饭

胚芽米是碾除糙米的米糠后余下的部分，包括了胚芽和胚乳。在营养成分上，胚芽米含有的蛋白质、脂肪、糖类、矿物质和维生素都比糙米略少，因此整体来说，胚芽米的营养不如糙米；但是由于胚芽米带有胚芽，它的营养价值比起白米可又好得多了。

现在我们在市面上很容易买到胚芽米，如果以胚芽米取代白米，煮胚芽米饭当主食，也可以吸取到比较充分的营养。

因为胚芽米同白米一样没有米糠，质地相近，所以煮胚芽米饭时，洗米、浸米、煮饭的水量和控制火候的诀窍都同煮白米饭一样。只要会煮白米饭，就一定能够煮出好吃的胚芽米饭。

清代陈枚所绘《耕织图》中《插秧》的局部

现代人的自然食物
——糙米饭

　　现代工商社会制造出紧张忙碌的生活步调，以及污染环境的各种公害。置身其间的现代人，在饮食的习惯和内容方面同以前有很大的差异：经过多道加工手续，并且添加防腐剂、可以久存不坏的食品越来越风行；打开包装、一冲即食的快餐品也大行其道。这类食物或许多加了一些营养素，但往往完全去除天然食物的特性，没有一点食物性纤维。

　　改变了饮食的现代人，生理状况往往有欠平衡，许多不见于古人的毛病都出现了，这是怎么回事？营养学家告诉我们：现代人很多毛病都是吃出来的，食品讲究精制，把纤维都去除了，使我们千万年来习惯于高纤维食物的消化器官无所适从，不能完全发挥消化机能，引发的问题像便秘、中毒、过胖就层出不穷。解决之道还在于多吃富含纤维的天然食物。

　　进一步推究起来，为了防治便秘等现代病，最好最快的法子莫过于改以糙米为主食，由米糠摄取大量纤维。我们提倡现代人吃糙米，不仅是因为糙米具有均衡的营养，更重要的原因是它在米糠部分含有大量的食物性纤维。

吃下糙米，通肠化气

　　便秘是很多现代人的通病，原因就在于常吃容易消化的精制食物，消化后

剩余不被吸收的残渣很少，大便的材料短缺，就无法引起便意。于是这些残渣在消化器官里一天天囤积起来，不仅使肚腹不舒服，更可怕的是，残渣里面潜藏的毒素会被身体吸收进去。

但我们如果常吃糙米，吞下大量食物性纤维，由于这些纤维不会被消化、分解，就混同其他食物残渣，制成粪便。又因为纤维容易吸收水分，使大便的体积胀大而刺激直肠内壁，引起便意，于是这质地很软的大便很快就排泄出体外，不会滞留在消化器官里。这样一来，便秘之苦解决了，食物残渣也不会囤积在肚腹里而致里面潜藏的毒素被身体吸收。

糙米可以去除污染毒素

我们生活在现代社会里，常常经由食物、空气等途径，遭受多氯联苯和铅、汞等污染物质的戕害，更可怕的是目前还没有积极办法能防止我们吸收进这些公害物质。但是幸好，多吃糙米可以帮助我们把体内的多氯联苯慢慢排泄出去。这是因为多氯联苯进入人体后，一定会来到肝脏，有一部分会和胆汁结合，并随胆汁进入消化道，再由粪便排出体外。如果我们常吃糙米，排泄的路线通畅，自然就能把这份多氯联苯恭送出去。

至于铅、汞等重金属进入人体后，也幸好可以借助糙米的力量排出体外。这是因为米糠里面有一种很奇妙的物质叫植酸钙镁盐，能与铅、汞之类的重金属结合，一股脑带着这些有害物质随粪便排出体外。

现代人也往往由肉类等食物中吸收了太多的胆固醇，这些过多的胆固醇堆积在血管中，人就容易得中风或血管硬化等毛病。但我们吃下糙米后，糙米中的食物性纤维也可以和多余的胆固醇变成的胆汁酸结合起来，一并由粪便排出去。

这样看来，糙米里的食物性纤维真可以说是净化我们身体的清道夫。

糙米可以减肥

现代人常常为肥胖而苦恼，怎么办呢？可以吃糙米饭来减肥！

试想我们平常吃白米饭，因为它柔糯绵软，不必多嚼，在嘴巴里一打转就滑下食道；而且它不含有占地方的食物性纤维，体积很小，所以吃了很多，胃还是没有膨胀到会刺激大脑里的饱足中枢、使人有饱足感的地步，于是我们贪多不厌，吃的总比需要的多，于是过多的淀粉转成了脂肪，留在皮下，人就这么胖起来了。

糙米饭与白米饭完全不同，它的食物性纤维多，一下就会把胃里的空间占满而刺激饱足中枢，所以只要吃一点就容易饱。糙米饭又比较硬，吃下肚消化得比较慢，饥饿感也就来得比较慢。

为太胖而烦恼的人不必再千方百计、想方设法地减肥了，只要吃糙米饭就能达到目标。

未来的食物

吃糙米饭的好处真不少，可以通肠化气，可以去毒减肥，还可以吸收到丰富的营养，难怪以前的人以粗碾的糙米为主食，身体却反而能够维持均衡、健康的状态。糙米这神奇的天然食品实在不应只是过去人类的食物，应该也是未来人类的食物！

可惜的是，许多人认为糙米难煮又难吃，都不爱吃这天然的宝谷。糙米难煮，是因为外部的米糠不易裂开，阻碍水分进入内部，淀粉粒不容易充分糊

明代《天工开物》书中，农夫踩龙骨车引水灌溉

清代朱圭所刻《耕织图》中
《入仓》的情景

化，米粒便很难膨大变软。

幸好今天我们可以很方便地买到锅内温度高达110℃～115℃的压力锅，糙米不易糊化的技术障碍便被轻易突破了。不过用压力锅煮糙米饭，一定得遵照正确使用压力锅的原则，最要紧的是煮好饭后，一定要等锅内压力完全释放，即保护装置的阀芯下降复位后，才能开盖。

煮糙米饭的步骤

以糙米煮饭，先要知道糙米煮成饭的比例同白米成饭的比例不一样：$\frac{3}{4}$ 杯的白米可以煮出两碗饭，$\frac{3}{4}$ 杯的糙米则只能煮出一碗半饭，因此舀米烧饭时要计量清楚。

舀了分量正确的糙米，用清水淘洗时，水面会浮起不少谷壳等杂质，得仔细漂洗干净。洗好米，便得浸水。糙米最好能浸泡四五个小时以上，米粒内部才能饱吸水分。待米粒饱吸水分，体积膨大了，便可以沥干水，把米倒进压力锅，然后加上和这时候的米等量体积的水，开始煮饭。一般我们煮4人份的糙米饭，舀 $1\frac{3}{4}$ 杯米做饭，这米在淘洗、浸泡后会涨成约三杯半，那么煮饭时压力锅内就要放三杯半水。

接下来，火候的控制相当要紧，首先要开大火，几分钟后米水沸腾，待气孔冒气并开始鸣叫起来，转中火煮20分钟，然后转小火烘3分钟，最后熄火，焖5分钟，便可以开锅。

如果家中没有压力锅，你也可以试着用电饭锅煮糙米，但在煮米之前，最好将糙米泡水一夜，使其充分软涨。煮时，水与米的比例以1.1∶1为佳，但如果你习惯吃软烂一些的米饭，可将水与米的比例调整为1.2∶1。待开关跳起后四五分钟，再把开关按下1次，两度加热，多焖一会儿再开锅。

这时锅里的饭可能稍感潮湿，不妨搅拌一下，让水气上透，饭粒的湿度便恰到好处了。快趁热吃这带有谷粮自然芳香的糙米饭吧！充分糊化的糙米比白米饭耐嚼，仔细品尝，真是越吃越香！

运用糙米做各种米食

只要懂得诀窍，便能制服外裹坚硬米糠的糙米，煮出爽口好吃的糙米饭，甚至我们还能灵活运用糙米去做其他较为复杂的米食呢。

本书所介绍的各项米食，特别是"米粒篇"中的炒饭、烩饭、蒸煮饭、粥类等，原则上在掌握了最基本的糙米性质后，应该都有可能烹制成功。比方用糙米做炒饭，因为米质较硬，容易吸油、粘锅，锅里放的油就应该比用白米饭做炒饭时要多一点。

若用糙米煮稀饭，因为糙米不容易糊化、煮软，所放的水量自然比用普通白米煮稀饭要多，煮的时间也要长一倍以上才行。

如果我们进一步把糙米磨成粉，这糙米粉比起普通白米磨成的粿粉，不但营养丰富得多，而且也保留了非常重要的食物性纤维，若拿来做糕点，自然比较有益于健康。但在做法上，则可根据以白米做糕点的方法，再因应糙米的性质而稍加调整。读者不妨灵活运用糙米，以糙米粉制作各类糕点。

然而不论用糙米做什么米食，它的滋味一定都是糙米的滋味，和白米绝不一样，我们不能用白米的风味作标准去衡量糙米的风味，而应该直接欣赏、接受糙米耐嚼、清芬、独特的天然原味。

如何使用本书

筹划编辑这本书时，我们最大的希望在于：即使是连饭都不会煮的烹饪生手，读了《中国米食》食谱之后，从最家常的一锅白米饭到最精致的宴席米食，都可以做得成，做得好。

为使这本食谱达到上述目的，我们不厌其详地一一探访、记录专家的烹饪过程。此外，编辑们更亲自下厨，把采访得来的食谱，再重新实验一遍，成功了，才算定稿。因此，我们相信：只要你对着本书的文字解说及图解，定能做出色、香、味俱全的米食。

在这里，我们首先说明本书的规格。每一道食谱都包含有材料、准备、制作、要诀和应用五个段落，使读者能从认识到充分活用这道食谱。

在进入两百多道米食食谱前，我们对本书的运用，还需认识以下事项。

●本书分为"米粒篇"及"粿粉篇"两大部分。在学做任何米食之前，首先应学会如何用白米、胚芽米及糙米煮出一锅好饭，以及用搅拌机打出水磨粉、潮粉和干粉，因为煮饭和打粉是一切米食的基础。

●做每一道米食，都应把该段米食食谱从头至

图文
说明照片内容。

米食照片
每一道米食的成品照片，由此可知其完成时的具体形象。

特文
点明该道米食的特色或文化背景。

类名
性质相似的米食所归纳成的类别。

书眉标目
在对开两页的左右上角标注此一段落的篇名类名。

米粒篇

炒饭类

黄澄澄的金包银
青翠的烩饭
把白饭做变成
不寻常颜色的炒饭
令人食欲大开
这两种炒饭的方法
一点都不难
只要懂得这时
大可以在请客时
要一道把饭染上颜色
的特殊技术

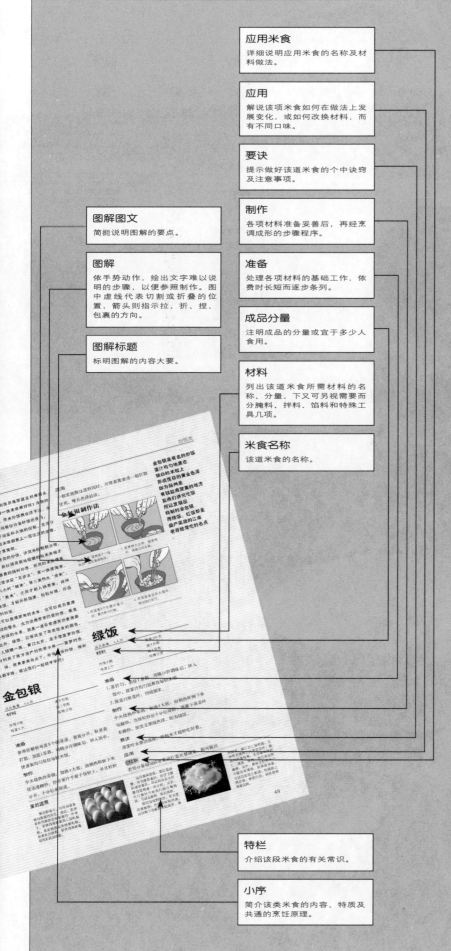

应用米食
详细说明应用米食的名称及材料做法。

应用
解说该项米食如何在做法上发展变化，或如何改换材料，而有不同口味。

要诀
提示做好该道米食的个中诀窍及注意事项。

图解图文
简扼说明图解的要点。

制作
各项材料准备妥善后，再经烹调成形的步骤程序。

图解
依手势动作，绘出文字难以说明的步骤，以便参照制作。图中虚线代表切割或折叠的位置，箭头则指示拉、折、捏、包裹的方向。

准备
处理各项材料的基础工作，依费时长短而逐步条列。

图解标题
标明图解的内容大要。

成品分量
注明成品的分量或宜于多少人食用。

材料
列出该道米食所需材料的名称、分量，下又可另视需要而分腌料、拌料、馅料和特殊工具几项。

米食名称
该道米食的名称。

特栏
介绍该段米食的有关常识。

小序
简介该类米食的内容、特质及共通的烹饪原理。

尾详读一遍，整体了解了步骤和窍门后，再着手去做。

●请你备好一套与书内所示相同的量具。量具包括230ml的量杯，15ml大匙、5ml茶匙、$\frac{1}{2}$茶匙、$\frac{1}{4}$茶匙的量匙一组，一把以厘米计量的尺，一台以千克计量的秤。

●书中米与粿粉的计量方式有两种，一是克，一是量杯。因师傅不同，计量习惯亦不同，我们为求精确，不加换算和统一，故两种计量方式都采取了。

●每一道食谱，都有详尽的材料大小说明，譬如说把肉切成长、宽、厚各几厘米。这只是供作参考，你不一定要拿尺来量，但必须密切注意：材料的大小厚薄，都将严重影响到一道菜的滋味。

●在菜肴咸淡酸甜的调味方面，各地人的口味相差甚大。希望你先照食谱的配料做一遍，再依家中口味，予以适当调整。

●中国幅员广阔，同一米食，常有不同做法。我们尽量把这多样性表达出来，使你能触类旁通，自由活用所有的技巧。

举例来说，"米粒篇"中的糯米煮法，就有水煮或用蒸笼、电饭锅煮三种方法。做汤圆的外皮时，不只用现成水磨粉，也教用米磨制、脱水的做法。还有，像杏仁茶是用杏仁碾细做的，而杏仁豆腐我们却教以现成的杏仁露做。方法、材料虽异，基本道理是相通的。

又比如使用器具时，懂得道理后亦可变通。譬如说使用蒸笼，有时架于浅炒菜锅，有时架于深口锅，各因蒸的时间长短而有不同。

●两百多道米食中，不免有许多材料和做法重复使用。这时，我们不一一赘述，只依食谱展现的先后，在第一次出现时说明，比如红豆沙馅的做法、鸡鸭鱼的去骨法、汤圆的包法等。

●为使你查阅方便，我们把这类资料按笔画顺序，在本书末列一张详尽的索引，你只要在索引中找到页码，就能方便地查出做法的段落了。

米粒篇

瓦钵饭

木桶饭

捞饭

电饭锅烧饭

草袋饭

爱吃米食的中国人，究竟是在什么时候懂得把生米煮成熟饭的？根据北京周口店出土的烧焦兽骨和烧裂的石头、泥块，可知中国人早在五十万年前，就已经懂得用火了。再根据浙江河姆渡出土的七千年前人工栽培稻和精致的烧制陶锅，我们可以说，七千年前的河姆渡居民有可能在漫长的利用火的基础上，将煮米饭的三个要素：火、容器和米结合起来，煮出了香熟的米饭！

几千年的经验累积下来，民间发展出许多种煮饭的方式，比如焖饭是在灶上把锅里的米水焖干而成的，蒸饭和捞饭则是在饭煮到七八分熟后，捞起来继续用蒸笼蒸熟，或放在木桶中以离火余温使饭熟软。另外有些地方还把米放在草袋或竹筒里，煮成带有草香或竹香的饭，这种煮饭法就更别致了。

懂得如何煮出好吃的饭之后，在充分掌握米粒性质的基础上，中国人又进一步发展出用米粒烹制各色食物的技术。这儿的"米粒篇"便要由简而繁，依序介绍饭团、粽子、炒饭、蒸煮饭、烩饭、米菜点心、粥及入药粥，还有焦米类、馊米类等各种米粒食物的食谱。

玻璃锅烧饭

竹筒饭

饭团类

自古以来，乡村农民
或出远门的人
身边常带几枚饭团
无论上山、下乡
跋涉千里，饭团成为
中国人的最佳友伴
一直到今天
清晨街头
热气腾腾的饭团摊贩
仍然吸引了
无数过往的行人

在学做各种米食之前，先试着把热腾腾、香喷喷的白米饭捏成一个饭团，应该是再容易不过的事了。

饭团的特性是容易做、方便携带。因之由古至今，饭团成为百姓基本饮食形式之一。农村的劳动者往往裹两个饭团，就出门工作了。饭团可以夹菜、夹肉，逢到炎暑，白饭包一粒酸梅更能防馊。

至于在都市里，本质朴素的饭团便要讲究一点口味了。回锅的香酥老油条、鱼松或肉松、细糖粉包入糯米中，成为都市人经常当早点的咸、甜饭团。这类饭团，久吃不腻，流行不衰。

其实，只要我们掌握了做饭团的基本方法，饭团还可以做出更精致、更可口的点心。其中的形色变化万千，做一大盘，足可当作酒会中的别致点心。

日常生活中，也不妨做几样合于包饭团的小菜，煮一锅热饭，全家人一面包一面吃，随心所欲地创造饭团的形状。这样，不但家庭和乐融融，你的孩子一定也更爱吃饭了呢。

甜饭团

成品数量　4个

材料	花生粉4大匙
	绵糖4大匙
圆糯米2杯	老油条1根

准备

1. 糯米洗净，泡3小时后，放入电饭锅中，加水 $1\frac{1}{3}$ 杯，蒸成糯米饭。
2. 把花生粉和绵糖拌匀。
3. 老油条切成4段。

制作

1. 参照图解，手拿一条1尺见方、外套保鲜袋的布巾，先微抹上一层水，再把热饭一碗放在布巾上，使劲捏成球状，然后压平。
2. 在饭中央铺上花生糖粉2大匙，上放老油条一段，然后把饭捏合成椭圆形，使花生糖粉和老油条段成为夹在当中的馅。剩余材料也依此捏成饭团。

应用

现在街上卖的甜饭团都是用糯米饭做的，一般在家里自己做，以粳米饭代替亦可。

甜饭团包法

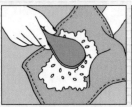
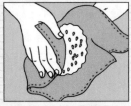

1. 摊开套有保鲜袋的布巾，抹层水，放上热饭。
2. 隔着布巾，两手使劲将饭捏成球状，再压平。

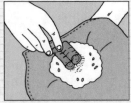

3. 饭中央铺上花生糖粉。
4. 糖粉上再放一段爽脆的老油条。

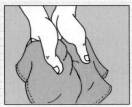

5. 小心将底层的饭往上对合包拢。
6. 拢成内包馅料，外裹米饭的椭圆形饭团。

咸饭团

成品数量　4个

材料	肉松8大匙
	碎萝卜干4大匙
圆糯米2杯	老油条1根

准备

1. 糯米洗净，泡3小时后，放入电饭锅中，加水 $1\frac{1}{3}$ 杯，蒸成糯米饭。
2. 老油条切成4段。

制作

参照甜饭团包法图解，手拿一条1尺见方、外套保鲜袋的布巾，先微抹一层水，把一碗热饭放在上面，使劲捏成球状，然后压平，把肉松2大匙铺在饭上，再铺碎萝卜干1大匙及老油条一段，把饭捏合成椭圆形，使油条、肉松和萝卜干成为当中的馅。剩余材料也依此捏成饭团。

应用

现在街上一般卖的咸饭团都是用糯米饭包的，但

右图5种饭团由最上方顺时针而下是：梅子饭团、红豆饭团、甜饭团、咸饭团和虾米饭团，都是家常可做的米食早点

甜饭团
咸饭团、红豆饭团
虾米饭团……
这些都是
中国的家常食物
如果拿饭团
与喜爱米食的
日本人来做比较
日本有各式各样的
寿司和手捏饭团
用料讲究，手工精细
对比之下
我们也应在
饭团的领域中
加以提升、创新
迎头赶上才对

若是在家中做，也可改用粳米饭来包。肉松可以鱼松代替，碎萝卜干也可以酸菜末等爽脆味重的东西代替。

各式各样的酒会点心

红豆饭团

成品数量　4个

材料	红豆½杯
粳米1½杯	

准备
1.红豆洗净放入锅中，加水4杯泡5小时后，以大火煮滚，再改中火煮30分钟。
2.粳米洗净，泡3小时。

制作
1.把米和红豆、红豆煮汁1½杯同时放入电饭锅中，煮成红豆饭。
2.手拿一条1尺见方、外套保鲜袋的布巾，先微抹上一层水，再参照36页甜饭团包法图解，把红豆饭一碗放在布巾上，捏合成椭圆形饭团。剩余红豆饭也依此捏成饭团。

应用
若喜吃甜食，可以在红豆饭中拌一点糖，再捏成饭团。

虾米饭团

成品数量　4个

材料	虾米80克
	盐1茶匙
粳米1½杯	

准备
1.将粳米洗净，浸泡3小时。
2.虾米洗净，用1½杯温水泡30分钟。

制作
1.把米和虾米、虾米浸汁一起放入电饭锅中，加盐1茶匙，煮成虾米饭。
2.手拿一条1尺见方、外套保鲜袋的布巾，参照36页甜饭团包法图解，先微抹一层水，再把虾米饭一碗放在布巾上，捏合成椭圆形饭团。剩余虾米饭也依此捏成饭团。

酒会点心

一般酒会场合都会供应多种小巧精致的面包和以面粉做的点心，让宾客随意取食。其实，原本朴实无华的饭团，只要灵活变化，也可以改变造型

而成各色小巧精致的甜、咸糯米饭团，供作酒会点心，并使酒会增辉。

在工具方面，只要一块包了洁净保鲜袋的布巾，几个木制刻模，或是可在超级市场买到的刻蔬果用的铝模，便能做

出多种花样的饭团。

制作方面，首先要将糯米饭染色：把各种蔬果如芋头、番薯、南瓜、豌豆、胡萝卜，煮熟后捣烂成泥，和入白饭，饭就成为灰红、浅黄、橘黄、碧绿、橘红等颜色。

简朴的饭团
经过巧手慧心的处理
也能做出
千变万化的精致食品
形色俱美的
甜咸小饭团，不但
可以当作
酒宴里的点心
在平日，也能够
吸引孩子更爱吃饭

接着，就要依和在饭里的各种材料的特性，设计饭团的馅料是甜或咸，比如饭里和了胡萝卜泥，就可配以咸的馅；饭里和了豌豆泥，就可配以甜的馅；若是单纯的白饭，则甜馅、咸馅均可。糯米饭团内的

馅料则可随个人喜好，选用豆沙、枣泥、花生酱、肉松、鱼松……

最后在捏制饭团时，若想要自由塑造自己喜爱的形状，可用手拿布巾将饭团捏塑成形。若用模子印制出各种成规

的式样，则必须要在印模内抹一层水，以免饭粘模壁取不下。为使饭团能顺利取出，也可先切一片和模型横切面形状相同的胡萝卜，压在模底，等饭填好后，将胡萝卜片往上推出即可取出。

鱼、鸟、树、人、果物，以及正三角形、星形、四方体、圆锥体、金字塔等各种形状的酒会饭团一一出现了，上面可再缀以樱桃、豌豆、草莓、葡萄干、火腿丝，谁能说这不是艺术品！

粽子类

端午节一到
中国大江南北
家家户户
包起粽子来
粽子，真可说得上
是最美味的
全国性的节令米食
中国各地的粽子
名目繁多
光以形状来分
就有角粽
锥粽、枕头粽
秤锤粽、四方粽
筒粽等
大小与滋味各自不同

民间主妇端午包粽子

说到粽子，人人都会想到端午节划龙船、悼屈原。其实，考据历史，五月吃粽子另有实际的理由。原来五月正值盛夏，易生疾病，古人定五月五日这天举行各种驱疫活动。人们出门参加活动必须携带简便的食物。粽子，便因此成为约定俗成的应节食品。

基本上，粽子是一种以植物叶片包裹的米食。由于中国幅员广大，粽子的形态、内容也名目繁多、滋味各异。如粽叶就有麻竹叶、桂竹箨、芦苇叶、茭白叶、荷叶等。形状上有角粽、锥粽、枕头粽、秤锤粽、筒粽、四方粽等，大小与滋味各自不同。

每逢端午佳节，名家字号的粽子店都被挤得水泄不通。其实，包粽子并不难，我们在这段食谱里，详细地运用图解和文字，让你得心应手地做好八种最具代表性的粽子。从最香糯的湖州粽子到别具风味的台式粽子，随你选择。

如此，端午节时，孩子剥开家人亲手做的、香喷喷的粽子，应该能分外感受到传统节日的快乐和温馨。

台式烧肉粽

成品数量 20个

材料	馅料
	上好猪五花肉600克
长糯米1200克	干香菇5朵
粽叶40张	咸鸭蛋黄10个
粽绳20条	**卤料**
虾米40克	桂皮1片
较肥的猪肉60克	盐 1/4 茶匙
红葱头10瓣，切成细末	酱油 1/2 杯
油3大匙	米酒2大匙
酱油2大匙	鸡精 1/4 茶匙
盐1大匙	冰糖1小块约10克
五香粉1茶匙	

准备

1. 粽叶和粽绳放入盛满水的大锅中，以大火煮沸后熄火。等水温降低，即用一条细软的抹布抹擦粽叶两面，除去泥沙，然后倒掉水，把粽叶、粽绳浸于清水中备用。
2. 糯米洗净，泡3小时，沥干备用。

台式烧肉粽包法

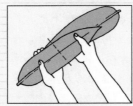
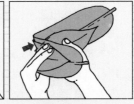

1. 剪去梗头的两张粽叶叶尖互叠，由虚线弯折。
2. 再由指压处虚线向后反折，成漏斗形。

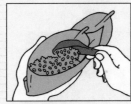

3. 斗中舀入一半糯米，加进馅料，再填米至满。
4. 覆下粽叶，指尖勾进折线角端使米不致漏出。

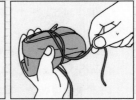

5. 按下两侧粽叶，余出部分向左后折贴住粽身。
6. 取一根粽绳在粽腰绕扎两二圈，扎紧打结。

3. 虾米用温水泡30分钟。
4. 较肥的猪肉切成0.3厘米宽的肉丝。
5. 将馅料中的五花肉切成长4厘米、宽2.5厘米、厚1厘米的肉块。香菇以温水泡30分钟后，挤出水分，去蒂，切成宽1厘米的小条，每朵约可切成4条。咸蛋黄全部对切成两半。

制作

1. 把肉块、香菇及卤料放入锅中，开大火煮4分钟后，锅内大滚，倒入水1½杯，改小火，继续煮50分钟即可。
2. 一个灶眼上放炒菜锅，另一灶眼上烧壶开水，随时保持滚沸。将油3大匙倒入

"烧肉粽——
烧肉粽——"
夜晚的
街巷里，经常可听到
叫卖烧肉粽的小贩
台式烧肉粽
的做法，是先把
糯米和作料炒至半熟
再包粽叶
蒸到全熟，吃起来
特别香韧
如果
你好久没遇上
卖烧肉粽的小贩
又想起
它的香味
不妨依食谱
自己动手来做

台式烧肉粽

漫谈粽子

粽子无论怎样变化万千，都要用到三样基本材料，那就是米、叶和绳。不过，这三样基本材料也并非一成不变。

米：包粽子最普遍的是用圆糯或长糯。大多数人都喜欢用圆糯米，因为圆糯较黏，一经水煮，极为软腻适口，像最著名的湖州粽用的就是圆糯。台式烧肉粽因为讲究炒过的米韧而有弹性，所以选用的是较硬实的长糯米。

叶：现在通常看到的粽叶，多是麻竹叶和桂竹箨。麻竹叶比较清香，桂竹箨则牢实不易碎裂。其他像荷叶、月桃叶、芭蕉叶、芦苇叶等，都可用来包粽子，广东中山还有一种芦兜叶。一般来说，只要是不含毒性、气味清香、大小适合、煮后不碎烂的叶子，都可拿来作为粽叶。

绳：最早记载在古书上的粽绳是五色丝绳，但一直为大众所采用的却是咸草和马兰草。另外，也有人使用麻编的细绳或棉线。近年来化学工业发达，塑料粽绳大行其道，可是塑料遇热会产生毒素，应尽量避免使用。

炒菜锅，大火烧热后，放进红葱头末2大匙爆香，等颜色变黄，立刻放虾米和肉丝快炒数下，炒至肉出油时，把全部的米加入拌炒，并加入刚才卤肉的卤汁1¼杯和五香粉1茶匙，若觉不够咸，可另加盐1大匙、酱油2大匙。每隔30秒，沿锅边四周淋些备用的开水，不断翻炒，直至米炒出香气，即倒水约盖过全部米面，拌匀后焖煮一下，水快干时，再改小火翻炒，大约炒至九分熟即可起锅。

3. 参考上一页图解将两张粽叶折叠，填入一半炒好的米，放一片卤过的猪肉、香菇和咸蛋黄½个，再填满米，然后包成拳头般大小的角粽，拿粽绳绕两匝绑紧。剩余材料也依此包好。

4. 在锅中煮滚水⅔锅，上面安置蒸笼，将20个包好的粽子放入，盖紧笼盖，以大火蒸30分钟即可取出，趁热食用。若放冰箱，须放入冷冻室，且不可超过一个星期。

要诀

1. 炒米时，一定要快速翻炒，不然米粒很容易烧焦，或生熟不均匀。

2. 粽子尽量包得扎实，蒸熟后米粒才会有嚼劲。

碱粽

炎炎夏日
乡间的客家居民
把碱粽和粿粽
挂在墙外通风的地方
碱粽宜于冰镇后
蘸蜜糖或红糖来吃
粿粽是味美而不腻
的粿粉咸粽
两者皆为消暑佳食

成品数量 20个

材料	
	粽绳20条
	食用碱粉40克
圆糯米750克	**蘸料**
竹箨20张	红糖¼杯

准备

1. 糯米洗净后沥干，和入碱粉拌匀，放置一夜，让碱透入米内。

2. 粽叶和粽绳参考41页台式烧肉粽，同法处理。

制作

1. 参考41页台式烧肉粽包法图解，将两张粽叶折叠后，舀入糯米3大匙，包成角粽，拿粽绳绕3匝绑好。剩余材料也依此包成。

2. 以大火煮滚水⅔锅，将包好的碱粽放入，加水淹过全部粽子，并盖上盖子。水若不够，要另加滚水。等再度滚沸，转中火继续煮4小时即可。煮时，水随时保持淹过粽面，水一少，立刻要加入适量的滚水。煮好的碱粽一定要放置冰箱冷藏后，再取出蘸红糖来吃。

要诀

碱粽必须只包七分满，不然会过硬，咬起来缺少弹性和软滑的感觉。为了确知米量是否恰好，包

好后可轻轻摇晃，若听见略有米粒碰撞的沙沙声，就是合格的碱粽；但若是米粒太少，粽子也不会好吃。

客家粄粽

成品数量 20个

材料	
	白芝麻3茶匙
	油2杯
水磨糯米粉680克	盐¾茶匙
面粉100克	鸡精½茶匙
粽叶20张	胡椒粉少许
粽绳20条	**卤料**
面筋3条	酱油5大匙
干香菇6朵	胡椒粉少许
老香椿叶10片	五香粉少许
干豆腐皮1片	八角少许
豆干6块	

准备

1. 粽叶和粽绳参考41页台式烧肉粽，同法处理。

2. 以十字刀法将面筋3条各切成4半。香菇以温水2杯泡30分钟后，连浸汁和面筋一起放进小锅中，加全部卤料，盖上锅盖，大火煮滚，再转小火卤20分钟，每隔5分钟将面筋和香菇翻面。卤好后把面筋和香菇挤去卤汁，切成0.5厘米见方的小丁。其余卤汁置一旁备用。

3. 老香椿叶去主叶脉剁碎，豆干则切成0.5厘米立方的小丁。

4. 大火烧热炒菜锅，转小火，倒入白芝麻，快炒十数下，离火翻炒，至炒出香气就熄火盛出。

5. 中火烧热油2杯，放下香椿碎片，用锅铲和开，立即捞出。再把干豆腐皮捏碎放入，见起泡即捞出。接着放豆干丁，用锅铲缓缓翻搅，3分钟后，豆干略黄，就把卤过的面筋、香菇和已过油的香椿、干豆腐皮全部放下，再加盐⅓茶匙、鸡精¼茶匙和卤汁3大匙，炒匀后下白芝麻，完全炒匀即连油盛起。

6. 水3杯中加盐⅓茶匙，分数次倒入和匀的糯米粉、面粉中，慢慢揉搓成均匀光滑的粉团。

制作

1. 把粉团平均分成20块，每块先搓成球形，中间按出一个凹洞，放入炒好的馅1½大匙，然后像包汤圆般收口，轻捏紧。20个粉团都包好，装馅的碗中会剩下一些油，把已包好馅的粉团放入，沾上一层油。

2. 参照41页台式烧肉粽包法图解，将一张粽叶折叠后，放入一个包了馅的粉团，再包成角粽，用粽绳绕两匝绑好，过长的粽叶修短，其

右图左下方是碱粽，右下方是切开的粄粽；其上方则分别是刚煮好的成挂碱粽与粄粽

他亦同，然后把包好的粽放进蒸笼。

3.在与蒸笼口径同大的锅中，煮滚水⅔锅，坐上蒸笼，盖严笼盖，以大火蒸10分钟后，转中火继续蒸20分钟即可取出粽，稍凉后剥食。吃不完的，可置冰箱冷藏一星期左右。

要诀

粉团包好馅之后一定要裹一层油，包上粽叶蒸熟后才不会粘叶。刚蒸好的粽子也不要立即剥开，以免粉皮粘叶而不成粽形。

水晶粽

成品数量　15个

材料	粽绳15条
	蘸料
圆糯米370克	蜂蜜½杯
粽叶15张	

准备

1.圆糯米洗净，泡5~6小时，沥干备用。

2.粽叶和粽绳参考41页台式烧肉粽，同法处理。

制作

1.参照41页台式烧肉粽包法图解，将一张粽叶折叠后，舀入糯米2½大匙包成角粽，用粽绳绕3匝绑好。其他亦同。

2.把15个包好的粽子放进锅中，盛满水淹过全部的粽子，盖上锅盖，大火煮沸后，继续滚煮5分钟，再改小火，煮1小时30分钟即可。

3.等粽子凉后，放进冰箱冷藏。吃时取出凉冰冰的粽子，剥了叶淋上蜂蜜，吃起来极为适口。

应用

北方小枣粽

在每个水晶粽中加两颗以热水泡过2小时的红枣，即成小枣粽。米的分量与包法、煮法均与水晶粽同。北京人吃水晶粽或小枣粽，皆冰镇过，

北方的小枣粽
形态极为娇小
广东裹蒸粽
却足足有三斤重
形成悬殊对比
台北故宫博物院
前副院长庄严先生
早年曾由北方
往广东旅游
一日在粽子店中
叫了十来个粽子充饥
哪知道
端上来的广东粽
竟如此庞大
连跑堂的
都忍不住好奇
要看看这位食客
如何吃下
这么多广东粽？

还未下锅煮的广东裹蒸粽即重达3斤

再淋蜂蜜或桂花卤，另配一碗冰凉绿豆汤来吃。

广东裹蒸粽

成品数量　1个

材料	腌料
	高粱酒½大匙
圆糯米600克	麻油½大匙
绿豆仁230克	盐⅓大匙
猪五花肉230克	鸡精¼大匙
广式烧肉100克	白砂糖⅛茶匙
虾米20克	淡色酱油1茶匙
干香菇4朵	酱油1茶匙
咸鸭蛋1个	胡椒粉½茶匙
去壳栗子8颗	五香粉⅛茶匙
麻竹叶20张	**拌料**
粗粽绳8条	盐1茶匙
半干荷叶2张	鸡精1茶匙
	熟油1大匙

准备

1.五花肉洗净，切成4块，拌入腌料中腌一夜。

2.绿豆仁洗净，加水泡30分钟泡软，沥干。

3.糯米洗净，泡30分钟后沥干，加拌料拌匀。

4. 栗子洗净，放入½锅水中，以大火煮滚，再改小火熬煮20分钟至软，取出去衣，剥成两半。

5. 虾米、香菇各泡温水30分钟，香菇切成2厘米见方。

6. 竹叶和粽绳参考41页台式烧肉粽，同法处理。

7. 把粽绳每4条并为一束，在距离一端5厘米与10厘米处各打一个结，形成一个提环，以便捆扎完大粽后提拿。

8. 荷叶去梗，泡水10分钟至软。

9. 烧肉切成3大块。

10. 咸蛋去壳，剥开蛋白，只取蛋黄。

制作

1. 参照图解，把两张荷叶交叠，使叶面扩大为直径35～40厘米的圆面，面上横直铺摆14张竹叶。

2. 叶面中央倒下一半糯米，略抹平，加上一半绿豆仁，也抹平。五花肉在绿豆仁上围成一外圈，烧肉块围成中圈，咸蛋置于中心。再铺一层虾米、香菇丁，一层栗子，倒下剩余绿豆仁，最后倒下剩余糯米，即可将荷叶包起。再用两束粽绳

广东裹蒸粽包法

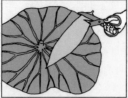

1. 摊开荷叶，并剪除每张粽叶梗部。

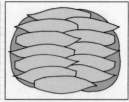

2. 将粽叶互叠横铺在荷叶上，尽量铺满无隙。

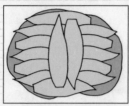

3. 中间交叠处较脆弱，再直摆粽叶，增添厚度。

4. 粽馅一层层铺好在叶上，即可包捆起来。

5. 先由上下方包起压住，再将两侧叠包起来。

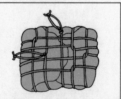

6. 取两束粽绳横直交错，将粽捆好，提环向上。

广东裹蒸粽
不只体积庞大
内容也丰富无匹
瞧瞧，荷叶上衬竹叶
一层米
一层绿豆仁
上置一圈五花肉
中间又放烧肉
外加咸蛋黄，另外有
香菇、虾米、栗子
再加一层绿豆仁和米
这才包扎起来
看来，它足够撑饱
一家人的肚皮呢！

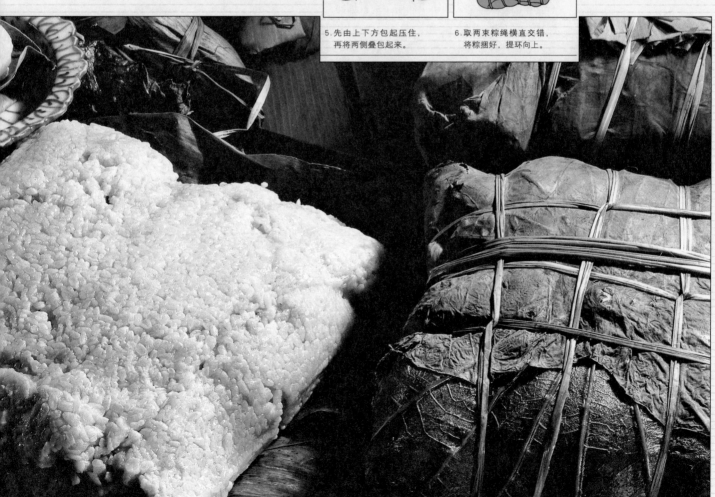

上方的广东裹蒸粽与左上方的北方小枣粽，在体积上真是大小悬殊

横直交错，将粽子捆扎好，提环向上。

3. 大火煮水½锅，锅底铺满竹叶，以免煮粽时粘锅。水滚后，放下粽子改中火焖煮，煮时须注意水面要始终淹过粽顶，因此每隔一两小时就要酌加滚水，8小时后即可起锅，打开粽叶全家合食。也可待凉后，切片煎食。

湖州豆沙粽

成品数量　20个

湖州位于太湖区域
自古以来即是
中国最富饶的产米区
米多的地方
人们也精于米食
湖州粽子形态纤长
米质香软
配上地道的
猪肉馅或豆沙馅
令人食后齿颊留香

材料	馅料
	红豆1200克
圆糯米2400克	白砂糖1500克
粽叶60张	油2杯
粽绳20条	板油200克

准备

1. 圆糯米洗净，浸泡一夜，沥干备用。

2. 红豆洗净，浸一夜后沥干，加水12杯放电饭锅中，煮至软烂裂开。把铝制筛盆架在另一口锅上，等红豆凉后连汁倾在筛盆上，并用手搓烂红豆，使豆沙凉入锅中。然后用清水略冲，使豆沙完全筛下，余留皮渣在筛上。把锅中的豆沙水倒进纱布袋中，拧去水分，袋中即剩纯

豆沙。

3. 炒菜锅中以中火烧热油2杯，放白砂糖1500克，熬5分钟，倾下豆沙，慢炒30分钟即熄火。冷却后，把豆沙泥平均分成20团，板油切成20长条，然后将每团豆沙裹着一条板油，做成长12厘米、宽2厘米、厚1.5厘米的红豆沙馅。

4. 粽叶和粽绳参考41页台式烧肉粽，同法处理。

制作

1. 参照图解，将3张大而完整的粽叶折叠后，舀入米4大匙铺平，放一条豆沙馅，再舀入米3大匙，包成长形的筒粽，用粽绳扎好。剩余材料也依此包好。

2. 把20个包好的粽子放进大汤锅中，盛满水使淹过全部的粽子，盖上锅盖，然后开大火煮。水沸后转中火，继续煮4小时，熄火再焖1小时后取出。煮时，水随时保持淹过粽面，水一少，立刻加进适量的滚水。

3. 湖州豆沙粽一定要趁热剥食，吃不完的可放冰箱冷藏，最久不可超过两个星期。从冰箱取出的粽子应再蒸过，才可剥食。

要诀

粽绳扎的松紧要恰到好处。若扎得太松，煮的时候粽子容易散开；若扎得太紧，内层靠近豆沙馅的米粒会有夹生的情形。

湖州豆沙粽包法

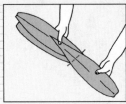

1. 将剪去梗头的3张粽叶两张互叠，一张对叠。

2. 拧转单叶后，再由指压处向后反折成漏斗形。

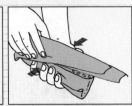

3. 斗中舀入一半糯米，加进馅料，再填米至满。

4. 覆下粽叶，小指尖勾进折线角端使米不致漏出。

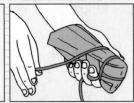

5. 按下两侧粽叶，突出部分向左后折贴住粽身。

6. 中指压定粽绳扎一端，再扎另端后绕回打结。

湖州鲜肉粽

成品数量　20个

材料	
	盐1茶匙
	鸡精1茶匙
圆糯米2400克	**腌料**
粽叶60张	酱油6大匙
粽绳20条	盐1大匙
猪五花肉2400克	鸡精1茶匙
板油200克	米酒1茶匙
酱油1½杯	

准备

1. 糯米洗净，浸泡一夜后沥干，加入酱油4大匙和盐、鸡精各1茶匙拌匀，放置15分钟备用。

2. 粽叶和粽绳参考41页台式烧肉粽，同法处理。

3. 猪肉切成长6厘米、宽2.5厘米、厚0.8厘米条状，然后拌入全部腌料，腌30分钟。板油切成20长条。

正在烧煮的湖州粽

湖州甜、咸筒粽

咕噜、咕噜······
湖州粽子要用
特制的大锅子烹煮
煮湖州咸粽
有特殊的技术
汤水中得掺淋酱油
使粽子均匀吸收咸味

制作

1. 参照湖州豆沙粽包法，将粽叶3张折叠后，舀入米4大匙铺平，把两条肉相衔接平放米上，加一条板油，再舀入米3大匙，包成长形的筒粽，用粽绳扎好。剩余材料也依此包好。

2. 把20个包好的粽子放进直径36厘米的大汤锅中，盛满水使盖过全部的粽子，在水中加酱油

1杯，然后盖上锅盖，开大火煮。水沸后转中火，继续煮3小时，熄火再焖1小时后取出。煮时，水始终保持淹过粽面，水一少，立刻加进适量的滚水。

3. 鲜肉粽一定要趁热剥食，吃不完的可置冰箱冷藏，最久不可超过两个星期。从冰箱取出的粽子应再蒸过，才可剥食。

要诀

粽绳捆扎的松紧要恰到好处，若扎得太松，煮的时候粽子容易散开；若扎得太紧，内层的米会有夹生的情形。

炒饭类

黄澄澄的金包银
青翠的绿饭
把白饭改变成
不寻常颜色的炒饭
令人食欲大开
这两种炒饭的方法
其实都不难
只要懂得诀窍
大可以在请客时
耍一耍把饭染上颜色
的特殊技术

上图下方是金包银，上方是绿饭

中国人天天吃饭，剩饭总是家庭主妇最感头痛的问题。用剩饭做哪一类米食最好呢？冷饭的质地比较干而易松散，用来炒饭最合适不过。在以下的段落里，我们将教你炒各种饭的技巧。

炒饭的诀窍在于油量和火候的控制。无论什么炒饭，总要使每粒米饭都裹上一层淡淡的油香，又见不着浮油，才算高明。

另外，真正考究的炒饭，讲究米粒颗颗分明，口感松爽耐嚼，所以得用质地较硬的籼米来做才好。比如大名鼎鼎的扬州炒饭，所用的米就得是籼米，而且煮饭讲究"五步法"：第一快速淘米，第二要泡水几小时"醒米"，第三要热水"烫米"，第四要冷水"激米"，之后才能入锅蒸煮。这样做出来的米饭，才能外形饱满，粒粒分明，炒出美味的扬州炒饭。

炒饭可以是最家常的米食，也可以成为宴席上受欢迎的餐点，比方说最家常的蛋炒饭，要是做到金包银的水准，就是一道非常漂亮的宴席菜了。此外，绿饭、红饭改变了寻常饭食的颜色，更令人眼睛一亮、胃口大开。至于像菠萝炒饭，充分利用了南方出产的热带水果——菠萝的色、香、味，就是宴席名点了。所有这些炒饭，做起来都不难，就让我们一起动手学吧！

金包银

成品数量　4人份

材料

冷饭4碗　　　　油4大匙
鸡蛋8个　　　　盐1茶匙
　　　　　　　　鸡精少许

准备

参照图解将鸡蛋8个的蛋清、蛋黄分开。取蛋黄打散，加盐1茶匙、鸡精少许调味后，拌入饭中，使蛋黄均匀包住每粒米饭。

制作

中火烧热炒菜锅，加油4大匙，油稍热即倒下米饭迅速翻炒。炒至蛋汁干凝于饭粒上，并且粒粒分开，十分松爽即成。

蛋的运用

蛋在炒饭中，往往扮演着极为重要的角色。因此，选择新鲜的蛋就是很要紧的一件事了。新鲜的鸡蛋蛋壳上没有裂纹，表皮触摸起来略感粗糙。如果对光照看，新鲜的鸡蛋透明而无混浊暗影。

应用

一般家庭做这道炒饭时，可将蛋黄蛋清一起打散使用，唯其色泽较淡。

金包银制作法

1.敲开鸡蛋，蛋黄留于一边，将另一边的蛋清倒尽。

2.蛋黄移入空壳，蛋清倒出，两者迅即分离。

3.将蛋黄8个全数分离出后，置大碗中打散。

4.再将蛋黄液拌入饭中，略加泡打即可。

绿饭

成品数量　4人份

材料

冷饭4碗　　　　菠菜250克
鸡蛋2个　　　　油4大匙
　　　　　　　　盐1茶匙
　　　　　　　　鸡精少许

准备

1.蛋打匀，加盐1茶匙、鸡精少许调味后，拌入饭中，使蛋汁均匀包裹住每粒米饭。

2.菠菜只取菜叶，切成细末。

制作

中火烧热炒菜锅，加油4大匙，油稍热即倒下米饭翻炒，当饭粒炒至十分松爽时，再撒下菠菜叶末翻炒，使饭呈翠绿色泽，即为绿饭。

要诀

菠菜叶末要切得细，炒起来才能好吃好看。

应用

红饭

若用分量相同的苋菜或红菜代替菠菜，即可做出

运用蛋来炒饭，要注意油量，因为蛋易吸油，油少了蛋即老涩难吃，所以用油总比同量的菜要多一些才好。此外，在打蛋时不妨滴几滴白葡萄酒，可以去蛋腥，增加清香。

炒金包银炒饭时，若光是用蛋黄炒，色泽会特别艳黄。此时剩下的蛋清可别抛弃，盛

在碗里，碗口封上保鲜膜，在冰箱里放两三天不会变坏。蛋清的用途很多，无论拿来腌虾仁、腌鱼、腌肉，都可增加鲜嫩感。另外，家庭主妇若不小心被油火烫伤，如果皮未破，可以立刻涂上蛋清，有清凉止痛之效，多涂几回，皮肤就能恢复完好。

同属江南口味的红饭来。

蛋包饭

成品数量　1人份

蛋是炒饭中
最常用的材料
在打匀的蛋汁中
滴几滴酒
可以去腥、增加香味
一般来说
成功的炒饭，都以
松爽、无浮油为上品
懂得了用蛋
用油、用火的窍门
平凡的炒饭
也能成为家常美味

材料

冷饭1碗
鸡蛋2个
猪里脊肉100克
洋葱¾个

芫荽少许
番茄酱4大匙
油4½大匙
盐½茶匙
鸡精¼茶匙

准备

1. 洋葱切成0.5厘米立方的小丁，里脊肉也切成同大肉丁。
2. 鸡蛋2个打散备用。
3. 芫荽去根洗净。

制作

1. 炒菜锅内放油3大匙，大火烧热，转中火炒肉丁及洋葱丁，至肉色转白，倒入冷饭，用锅铲将饭拨松，再加番茄酱3大匙及盐¼茶匙、鸡精¼茶匙，一并炒匀后熄火。
2. 另取一直径30厘米的平底锅，倒油1½大匙以小火烧热，同时摇动锅子，使油均匀布满锅面，如图倒入蛋汁，并离火依顺时针方向平转

蛋包饭

蛋包饭法

1. 倒入蛋汁后，将平锅离火旋晃，使蛋液布匀。

2. 烘至蛋液半凝时，将炒饭铲入半边蛋皮上。

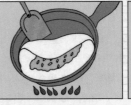
3. 用锅铲小心翻起另半边蛋皮，覆住炒饭。

4. 两边蛋皮贴靠后，用铲背轻压密合成半月形。

锅子，使蛋汁布满锅面。再将锅置于小火上，把蛋汁烘成半凝固的金黄色蛋皮。
3. 将炒好的饭盛起倒在蛋皮的半边，用锅铲小心铲起另外半边，将炒饭完全盖住，并使两边蛋皮重叠黏合成半月形。若无法完全黏合，可将蛋壳中剩余的蛋汁抹在蛋皮边缘，用锅铲轻压即可，蛋皮煎至完全凝固后熄火。
4. 将蛋包饭盛起，淋上番茄酱1大匙，并撒少许芫荽即可上桌。

要诀

饭不要放太多，以免撑破蛋皮，炒饭若预先捏成半月形，再放到蛋皮上，较易成形。

番茄蛋炒饭

成品数量　2人份

材料

冷饭3碗
番茄2个
鸡蛋2个

葱1根，切3厘米长段
酒1茶匙，以白葡萄酒为佳
油4大匙
盐1½茶匙
鸡精1¼茶匙

准备

1. 如图在番茄底部用刀在表皮划开一个十字痕。锅中以大火烧滚足以盖过番茄的水，放入番茄烫1分钟，表皮见皱立即取出，此时表皮自十字痕处微微掀起，可轻易剥除。然后将番茄去蒂并对切成4瓣，用刀刮去番茄籽，再切成2厘米见方的小块。
2. 蛋打散后加酒1茶匙去腥，并加盐½茶匙、鸡精¼茶匙，用筷子充分搅匀。

番茄蛋炒饭

番茄去皮、去籽法

1. 在番茄底部，用刀在表皮上划出十字痕。

2. 将番茄放入滚水中，烫至表皮皱起即可取出。

3. 番茄皮自十字痕处掀起，由此将整片皮剥除。

4. 番茄去蒂后对切为四，再以刀尖刮除番茄籽。

制作

1. 大火烧热炒菜锅，加油4大匙后扔一段葱白试油的热度。当葱白变成金黄色即表示油温恰到好处，可将蛋汁徐徐倾入锅内，边倒边用锅铲轻推，使蛋汁充分与热油混合。蛋汁倒尽即熄火盛出，并将多余的油汁倒回锅中。

2. 大火烧热锅中余油，加入葱爆香，倒下拨松的白饭迅速翻炒，使饭粒均匀裹上一层油气，再加盐、鸡精各 $\frac{1}{2}$ 茶匙炒匀。然后将饭推向锅边，留出锅底的少量余油，倒下番茄，并用盐、鸡精各 $\frac{1}{2}$ 茶匙炒匀。最后倒下炒过的蛋，与番茄、白饭混合拌炒1分钟，即可盛起上桌。

要诀

番茄烫至表皮刚起皱即可，过熟反而不佳。若锅中开水量不够淹盖番茄，亦可舀起浇淋。至于去籽，则是为了保持炒饭干爽。

翡翠糙米炒饭

翡翠糙米炒饭

成品数量　2人份

材料

冷糙米饭3碗

胡萝卜1根约150克

猪里脊肉150克

毛豆仁1½杯

葱1根，切成3厘米长段

油2½大匙

盐1½茶匙

鸡精½茶匙

准备

1. 胡萝卜刨皮后，对半直切。

2. 里脊肉切成厚1厘米的肉片。

制作

1. 盛水½锅，加盐1茶匙，大火烧滚后投入毛豆仁稍烫煮一下，以去除生味，至水再次烧滚时，即可捞起，然后放进冷水中过凉，以保持青翠。

2. 胡萝卜也放进滚水中，2分钟后烫软而不烫烂，即可捞起过凉，切成1厘米立方的丁块。

3. 锅中的水继续烫肉片，待肉片表面变白即可，不必过熟。捞起后把肉片再切成1厘米立方的丁块。

4. 炒菜锅中以大火烧热油2½大匙，放入葱段爆香，然后倒下肉丁，加盐¼茶匙、鸡精¼茶匙，迅速翻炒几下，再投进胡萝卜、毛豆仁混合爆炒。接着用锅铲将锅中材料推向锅的一边，留出锅底余油，倒下拨松的糙米饭翻炒，加盐¼茶匙、鸡精¼茶匙，待饭粒被油均匀包裹，再与其他材料炒匀即成。

要诀

1. 里脊肉切前先烫，不但形体固定易切，也使丁块更整齐美观。

2. 因炒糙米较易粘锅，所以油量须比一般炒白米饭的多些。

全美堂菠萝炒饭

我国南方盛产的菠萝
是温带欧美国家
宴席上珍贵热带名果
在这儿，运用米
香肠、虾仁、肉松
和菠萝果肉
做出一道
菠萝炒饭，放在
挖空的菠萝碗中
别致又诱人

成品数量　2人份

材料

粳米1½杯

菠萝1个约1500克

沙虾230克

香肠1条约40克

肉松2大匙

葱½根，切葱白5厘米段及绿葱花½茶匙

盐¾茶匙

鸡精½茶匙

油3大匙

准备

1. 这道饭要煮得干爽些，所以煮饭时锅内的水要放得比平常少。将米洗净，泡水3小时，沥干后加水1¼杯放入电饭锅中，煮熟后取出饭两碗半待凉。

2. 菠萝不去皮，并要保持叶子完整，如图解在横置菠萝¼高处切开，做一个盖子。接着挖去较大半边菠萝的果肉。以小刀先在距皮1厘米处划一周，深约3厘米，再由菠萝中线，向两侧刀锋所到的3厘米深处片下果肉。如此一层层片下果肉，切去菠萝心，底部再以汤匙刮平，形成菠萝碗，菠萝盖也切下果肉后，将盖与碗洗净、沥干。

3. 将果肉顺着脉络走向，切成1厘米立方的丁块，取½杯用纱布轻轻吸干汁液放入碗中。

4. 沙虾摘头去壳，剥成虾仁后，抽除肠泥，拌进盐¼茶匙，漂洗3次洗净，用纱布吸干水分。

5. 香肠洗净，切成薄片。

制作

炒菜锅中大火烧热油3大匙，投下葱白段，待葱转黄立即捞除，倒进虾仁、香肠，快炒20秒，捞起沥油，再倾下冷饭炒开，加进葱花½茶匙、盐½茶匙、鸡精½茶匙，翻炒3分钟后，拌下沥干的菠萝丁、虾仁和香肠略炒两下，即可熄火盛入菠萝碗中，面上抹平，加铺肉松2大匙，覆上菠萝盖，焖5分钟使味道更足后便可上桌，分装小碗供食。

要诀

1. 菠萝去水，还是会淌出汁来，所以饭要煮得干硬些，炒后才不致太过软烂。

2. 菠萝挑七分熟的最好，不只甜度恰当，皮色也带绿，增添美感。

菠萝挖空法

1. 菠萝平放，纵切¼成盖子，绿叶保留。

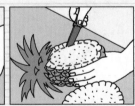

2. 用刀在距边皮1厘米处划下一圈，深3厘米。

3. 由中线向两侧刀锋到处片下果肉，层层片完。

4. 用汤匙刮净底部做成碗形，菠萝盖亦刮净。

右图为全美堂餐厅有名的菠萝炒饭

广州炒饭

成品数量　4人份

材料

冷饭4碗
毛豆仁或豌豆仁1杯约100克
干香菇4朵
广式腊肠2条
广式瘦叉烧肉1块约150克
虾仁150克

鸡蛋2个
葱2根，切成葱花
油½锅
盐2大匙
鸡精½茶匙
淡色酱油1大匙

腌料

鸡蛋1个

盐½茶匙
鸡精¼茶匙
麻油½茶匙

淀粉¼茶匙
米酒1茶匙
胡椒粉少许

准备

1. 毛豆仁投入½锅清水中，大火煮15分钟后，捞出漂凉。

2. 香菇以温水浸泡30分钟至软，亦可投入滚水与毛豆仁同煮5分钟。然后去蒂，切成1厘米

扬州炒饭传至广州
作料略为更改
竟成了
极负盛名的广州炒饭
广州炒饭作料丰富
其中有
黄色的蛋屑
红的叉烧、绿的青豆
交织成彩色世界

广州炒饭

见方。

3. 腊肠蒸15分钟后，切成1厘米立方丁块。其蒸汁滋味鲜美，可留下来，待会儿与腊肠一起炒入饭中。

4. 叉烧肉切除焦黑部分，切成1厘米立方丁块。

5. 虾仁用盐1大匙拌和清洗，铺在净布上吸干水分。把腌料中的鸡蛋分出蛋清，与虾仁和其余腌料均匀拌和，腌20分钟。

6. 蛋2个，连同腌虾仁用剩的蛋黄1个一起打散

备用。

制作

1. 炒菜锅中倒下油½锅，大火烧热，将虾仁略拌后倒入，以锅铲推散，迅速盛起。

2. 将锅中油沥去，仅留3大匙，趁热倒下蛋汁以大火翻炒，并以锅铲将蛋片切碎，至微焦黄时盛起。

3. 锅中放油2大匙，大火烧热，倒入备好的白饭、毛豆仁、叉烧肉、腊肠与蒸汁、香菇、虾

把好吃的广州炒饭
裹进生菜叶里
一道咬嚼
生菜的清香
减低了炒饭的油腻
尝起来
更爽口宜人

仁、蛋片同炒，并加盐1大匙、鸡精½茶匙。待饭粒均匀沾上一层油气，加入淡色酱油1大匙，继续翻炒5分钟后，撒下葱花续炒2分钟，至饭呈微黄干爽时盛起。

应用

生菜包饭

若用生菜来包广州炒饭，爽而不腻，滋味更佳。方法是选广东生菜2棵约150克，将叶子摘下叠成一叠，以饭碗倒扣其上，再用刀将碗缘多出的叶、梗切除，成为圆形。最后将其置于盘中，与广州炒饭同时上桌，欲食者自己包食。

扬州炒饭

要做出两人份的扬州炒饭，先要准备冷饭3碗，接着将干香菇4朵以温水浸泡30分钟后去蒂，切成1厘米见方小块。金华火腿150克，切去外皮，切成1厘米立方的丁块。玉兰片150克，切成0.5厘米立方的小丁。豌豆仁150克放入加了盐1茶匙的滚水中烫1分钟，捞起放冷水中过凉。在炒菜锅中加油2大匙，大火烧热后，投入长3厘米葱段数段爆香，即加香菇及盐¼茶匙爆炒，再加火腿、玉兰片、豌豆仁和鸡精¼茶匙混炒至熟，然后把以上材料推向锅边，留出锅底余油，倒下白饭翻炒，加盐¼茶匙，待油气均匀裹住饭粒，再与锅中材料炒匀后盛起。

荷叶饭

成品数量　4人份

夏日里
满塘青翠
亭亭荷叶迎风摇曳
此时，运用
大自然的最佳素材
做一道
芳香扑鼻的荷叶包饭
定能赢得
满座宾客的
啧啧赞美

材料

材料	
	油2杯
	熟油1½大匙
粳米1杯	盐½大匙
籼米½杯	鸡精1茶匙
沙虾200克	
广式叉烧肉80克	**拌料**
广式腊肠1条约40克	蛋清1个
鸡胸肉200克	盐½茶匙
干香菇4朵	鸡精½茶匙
鸡蛋2个	麻油½茶匙
新鲜荷叶1张	淀粉2茶匙
	高粱酒½茶匙

准备

1.粳米、籼米混合洗净，加水1½杯放电饭锅中，煮熟后盛出4碗待凉。

2.香菇泡温水30分钟至软，取出与叉烧肉、腊肠同切0.5厘米立方的丁块。

3.鸡胸肉切0.5厘米立方的丁块。将拌料混合拌匀，淋进一半拌料与鸡丁拌匀。

4.沙虾摘头去壳，剥成虾仁后，挑出肠泥，撒下

荷叶包饭法

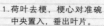

1.荷叶去梗，梗心对准碗中央置入，垂出叶片。

2.铺好荷叶的碗内盛入炒饭，直至平满。

3.垂出的叶片由左右四方覆上，将饭包住。

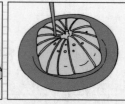

4.平盘覆在碗上倒扣出来，以筷戳洞以便蒸透。

盐½大匙，漂洗3次洗净，泡水10分钟去除盐味，再沥起用纱布吸干水分，淋进另一半拌料，拌匀。

5.煮滚水½锅，放下去梗的荷叶烫5秒，烫软才好包裹。

6.打散鸡蛋2个，打至起泡。

制作

1.炒菜锅中烧热油2杯，放下虾仁以大火炸5秒，再下鸡丁，立即熄火，利用油中高温再炸20秒，然后将虾仁和鸡丁捞起。

2.倒出锅中余油，仅留2大匙，开大火，放下打好的鸡蛋，炒至色呈金黄，并用锅铲边炒边切成小碎块。再将叉烧肉、腊肠、香菇齐倒入锅中，加熟油½大匙拌炒数下，倒进白饭炒松，再撒入盐½大匙、鸡精1茶匙炒开，改用中火，撒下虾仁、鸡丁拌炒，再加入熟油1大匙，合炒3分钟，直至米饭颗颗油亮，香味尽出，即可熄火。

3.烫软的荷叶置于直径20厘米的大碗中，梗心对准碗中央，叶片自然垂出碗缘，盛进炒饭，边盛边压紧实，直至满碗，即可参照图解将荷叶包起。

4.取一个直径大过碗面的平盘，覆在荷叶饭上倒扣下来，然后在靠近梗心部位，以竹筷戳几个洞透气，就可上锅蒸了。

5.锅中煮滚水½锅，放上蒸笼，将荷叶包饭连盘放进笼内，盖严笼盖，大火蒸20分钟，就可取出上桌，翻开荷叶，用汤匙舀食。

要诀

荷叶若软烂，可以两张叠起放于碗中盛饭。

右图为荷叶包饭，背景是台湾中部雾峰的荷塘

油饭

油饭，是中国人
生命礼俗中的
重要米食
每逢婴儿出生
男子成年，都要
做大量油饭
用以敬天、祭祖
分赠亲友
现在，就让我们
一起来尝尝这
情深意重的米食吧！

成品数量　8人份

材料

长糯米5杯
猪五花肉100克，前腿肉
亦可
干香菇6朵

虾米80克
猪油4大匙
红葱头10瓣，切成细末
酱油8½茶匙
盐1茶匙
鸡精½茶匙

准备

1. 糯米洗净，浸泡3小时。
2. 虾米、香菇分别以温水浸泡30分钟后，将香菇切成宽0.5厘米的丝。
3. 猪肉洗净，切成长3厘米的肉丝。

制作

1. 炒菜锅中倒猪油4大匙，中火烧热，加入红葱头末爆炒30秒后，见葱头转色，即依序投入虾米、香菇丝、肉丝共炒。肉丝炒散后，再加入盐1茶匙、酱油1茶匙、鸡精½茶匙，炒匀熄火，盛起⅓的料备用。
2. 锅里留有⅔的料及少许酱汁，倒入糯米，开中火，用锅铲将米与配料搅拌均匀后，淋入酱油2½大匙翻炒5分钟，再加入热开水2½杯，继续翻炒5分钟即熄火，此时米粒已略胀，但尚未软透。
3. 将锅里的糯米饭移入铺有湿蒸笼布的蒸笼内，盖紧笼盖，用大火蒸20分钟，见米粒已透软即盛出置于大盘内，上铺先前盛起的料即可。

要诀

做油饭用的猪肉，应选肥瘦相间的前腿肉或五花

油饭

肉，才不致干涩无味。

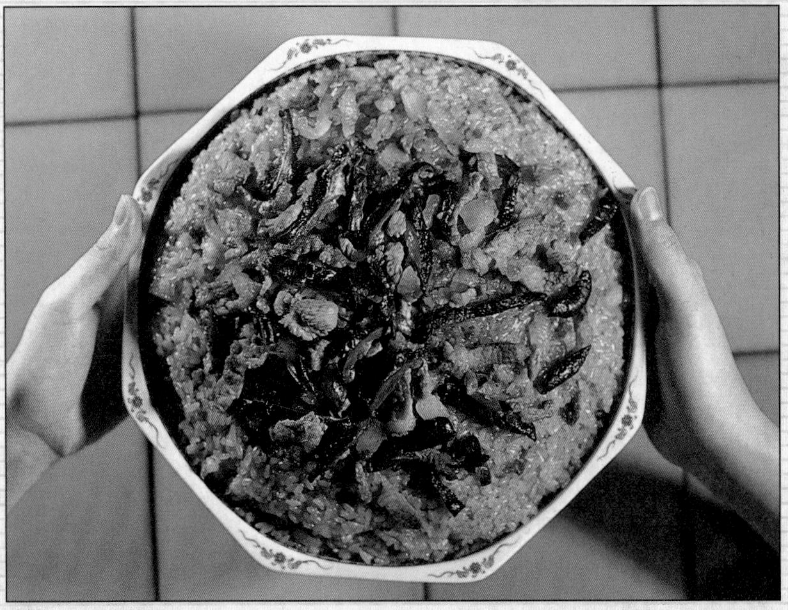

咸鱼炒饭

成品数量　4人份

材料

冷饭4碗
毛豆仁或豌豆仁1杯约100克
干香菇4朵
鸡胸肉370克
咸鱼1块约80克，以咸马友鱼为佳，其次为曹白鱼或黄花鱼
鸡蛋2个
葱2根，切成葱花
油½锅

盐1大匙
鸡精½茶匙
淡色酱油1大匙
腌料
鸡蛋1个
盐½茶匙
鸡精½茶匙
淀粉¾茶匙
麻油½茶匙
米酒1茶匙
胡椒粉少许

准备

1. 毛豆仁投入清水½锅中，以大火煮15分钟后，取出漂凉。
2. 香菇以温水泡30分钟泡软，或投入滚水与毛豆仁同煮5分钟亦可。然后去蒂，切成1厘米见方。
3. 鸡胸肉去除鸡皮与肥油，切成1厘米立方丁块。把腌料中的鸡蛋分出蛋清，与鸡丁和其余腌料均匀拌和，腌20分钟。
4. 参照102页生粥片鱼法图解，将咸鱼的脊骨去除，两片鱼肉切成1厘米立方丁块。
5. 鸡蛋2个，与腌鸡胸肉时用剩的1个蛋黄一起打散。

制作

1. 炒菜锅中倒下油½锅，大火烧热，将鸡胸肉略拌后倒入，离火以锅铲推散，迅速盛起。
2. 将油沥去，仅留3大匙在锅中，趁热倒下蛋汁以大火翻炒，并以锅铲将蛋片切碎，至微焦黄时盛起。
3. 锅中倒油2大匙，大火烧热后倒下咸鱼丁，转小火炒至香味溢出，即倒入准备好的白饭、毛豆仁、香菇、鸡胸肉，及盐1大匙、鸡精½茶匙，改大火混合拌炒。待白饭均匀沾一层油气后，倒下炒好的蛋片翻炒，并倒淡色酱油1大匙，转小火续炒4分钟，至饭色微黄，加入葱花，以大火再炒1分钟，即可盛起供食。

要诀

1. 鸡胸肉先腌过再离火过热油，可保鲜嫩。
2. 要使咸鱼香味进入饭中，炒的时间较长，炒的动作宜快，才能香而不焦。

右图为广州有名的咸鱼炒饭

蒸煮饭类

白米饭容易吸收各类菜肴的香味。在家常的简便食谱中，利用蔬菜或肉混合在米饭中，或蒸或煮，待熟后一起食用。此时，菜肴的味道已充分进入白米饭中，对精于品味的人来说，米饭往往比菜肴更有滋味。

蒸煮类的菜饭，另一项优点是节省盘碗，菜肴既已与米饭混合，食时无须饭、菜分盛，干净利落，所以家庭主妇应好好精研这蒸煮菜饭的技艺。

在营养方面，蒸煮类的菜饭亦可运用胚芽米及糙米来取代白米，以提高菜饭的营养价值。胚芽米的使用方法与白米相同，而糙米则须泡水至少四五个小时，最好使用压力锅，才能使米粒充分膨胀、软硬得宜。

若以糙米替代白米，可斟酌情形，用以下两种方法加以处理：一种是先把糙米放在压力锅中煮熟，再与菜肴拌合蒸、煮片刻，如此，菜肴不易过烂；另一种是把糙米直接与不易烂熟的菜肴混合，同在压力锅中煮熟。利用糙米和压力锅的特质，可做出更具营养、别有风味的蒸煮类菜饭。

黄豆糙米饭

黄豆加上糙米炊煮后
人称"天下一品"
掀锅透出
一股自然的清香
令人食欲大振
此外
在营养方面
更是无懈可击
让我们充分运用糙米
来改善
家庭日常营养吧
事实将证明：
吃米食，一样
能长成山东大汉！

成品数量　6人份

材料	
糙米4杯	黄豆1杯
	盐$\frac{1}{2}$茶匙

准备

黄豆、糙米分别洗净，用水浸泡一夜。

制作

黄豆与糙米放进压力锅和匀，加水高出米面2厘米，并加盐$\frac{1}{2}$茶匙，然后盖紧锅盖，用大火煮20分钟，再转小火煮2～3分钟。熄火续焖5分钟，待锅内压力完全释放即可开锅。

牛肉糙米饭

成品数量　4人份

材料	
糙米2$\frac{1}{4}$杯	去皮老姜4片
牛腱1条约600克	蒜头5瓣
胡萝卜2根约340克	酱油5大匙
腌料	米酒2茶匙
葱3根，切成3厘米长段	盐1茶匙
	糖1茶匙
	胡椒粉$\frac{1}{2}$茶匙

准备

1. 糙米洗净，泡水5小时。
2. 牛腱切成3厘米见方、厚1.7厘米的小块后，置大碗中，以腌料腌泡5小时。

3.胡萝卜削除外皮以后，切成每边2厘米的滚
刀块。

制作

1.将浸泡后已经涨为 $3\frac{1}{2}$ 杯的糙米沥干，倒入压
力锅中，加水 $3\frac{1}{2}$ 杯，再将浸泡入味的牛肉连
同葱和卤汁，一起均匀地铺在米上，姜和蒜则
可拣除。胡萝卜块也均匀地铺在牛肉块上，然

后关紧锅盖。

2.压力锅置燃气灶上，开大火，煮至锅内米水沸
腾，气孔冒气并开始鸣叫，即转中火煮20分
钟，再转小火煮3分钟，即可熄火。待锅内压
力完全释放，便可开锅。

要诀

如果喜欢吃蒜的话，可以不用挑出腌料中的蒜，

黄豆糙米饭

做出来的糙米饭就带有独特的蒜香了。

香菇芥菜糙米饭

成品数量　4人份

材料

糙米2$\frac{1}{4}$杯

芥菜3棵约600克

干香菇5朵

胡萝卜1根约230克

虾米80克

猪里脊肉230克

油5大匙

盐1茶匙

鸡精$\frac{1}{3}$茶匙

准备

1. 糙米洗干净，以水浸泡5小时后沥干。

2. 虾米、香菇分别以温水浸泡30分钟。香菇切成宽0.5厘米的丝。

3. 里脊肉切成长3厘米的肉丝。

4. 胡萝卜洗净去皮，切成0.5厘米立方的丁块。

5. 芥菜洗净切长3厘米、宽1.5厘米的长条。

制作

1. 将浸泡后已经涨为3$\frac{1}{2}$杯的糙米倒入压力锅中，加水3$\frac{1}{2}$杯，关紧锅盖，将锅置燃气灶上，开大火，煮至锅内米水沸腾，气孔冒气并开始鸣叫，即转中火煮20分钟，再转小火煮3分钟，即可熄火。待锅内压力完全释放，便可开锅。

2. 炒菜锅里放油5大匙，大火烧热，下虾米爆香，依次放胡萝卜丁、肉丝、芥菜、香菇丝，大火炒5分钟，至菜肴发出香味时，加入盐1茶匙、鸡精$\frac{1}{2}$茶匙调味炒匀后，即可熄火。

3. 把煮好的糙米饭倒入炒菜锅内，与炒好的菜肴拌匀，然后放入电饭锅中，焖5分钟就可以吃了。

只要了解
糙米的特质
便可以用它做出许多
风味特殊的米食
在这里，我们
为你示范滋味醇厚的
牛肉糙米饭
香菇芥菜糙米饭和
豇豆糙米饭
既方便
又好吃，更营养
快来换换口味吧！

牛肉糙米饭

豇豆糙米饭

成品数量　4人份

材料

糙米2$\frac{1}{4}$杯

豇豆300克

香肠5条

虾米$\frac{1}{4}$杯约20克

油2大匙

盐$\frac{1}{2}$茶匙

米酒$\frac{1}{4}$杯

准备

1. 糙米洗净，泡水5小时。

2. 豇豆洗净后，掐去头尾，撕除两边的老筋，再切成长4厘米的小段。

今天
世界上的营养学家
都注意到：
纯天然食物
远胜过加工精制食品
糙米能助人排泄
解毒，甚至减肥
这项最佳的
纯天然食物
正是现代人
最密切需要的恩物

香菇芥菜糙米饭

豇豆糙米饭

3. 香肠冲洗后抹干，斜切成厚0.3厘米的薄片，再将薄片分别对切一刀，成宽1厘米的长条。

4. 虾米置小碗中，以米酒$\frac{1}{8}$杯腌泡10分钟。

制作

1. 炒菜锅中烧热油2大匙，放入虾米，大火炒香后下香肠，翻炒数下到香肠变色半熟时，再下豇豆，一起翻炒1分钟至豇豆半熟即可熄火。

2. 将浸泡后已经涨为3$\frac{1}{2}$杯的糙米沥干，倒入压力锅中，加水3$\frac{1}{2}$杯，再将豇豆、香肠和虾米铺在米上，并撒上盐$\frac{1}{2}$茶匙，关紧锅盖。

3. 压力锅置燃气灶上，开大火，煮至锅内米水沸腾，气孔冒气并开始鸣叫，即转中火煮20分钟，再转小火煮3分钟，即可熄火。待锅内压力完全释放，便可开锅。

19世纪清末的人力车

油1茶匙、酱油1茶匙，焖10分钟后熄火。

2. 取出腊味，切成薄片，盛在盘中，与煲饭同时上桌。用筷子将腊味蒸汁与煲饭拌匀拨松，再用铁勺刮起下层的锅巴拌入其中，盛于小碗即可供食。

要诀

1. 若以高汤取代滚水煮饭，味道更佳。

2. 将腊肠、肝肠的肥油部分先用针刺穿，再经蒸煮烘烤，鲜美的腊味蒸汁便流在饭上，与煲饭拌和来吃，风味最佳，是腊味煲仔饭的一大特色。

香菇滑鸡饭

成品数量　2人份

材料	腌料
	姜8片
粳米1¾杯	油2大匙
土鸡½只	麻油½茶匙
干香菇8朵	酱油2大匙
葱1根，切2厘米长段	淀粉1½大匙
酱油1茶匙	米酒1大匙
盐¾茶匙	盐½茶匙
鸡精1茶匙	胡椒粉⅓茶匙
猪油7茶匙	**特殊工具**
	广式煲仔1个，2人份大小

准备

1. 鸡洗净，剁去脊骨，切下腿、翅。在腿、翅中央各纵剖一刀，露出骨头，将骨头剔除，然后将腿肉及翅肉用刀拍松，再切成数块。将鸡身斩成长5厘米、宽3厘米的鸡块，与腿、翅肉一起拌入腌料中腌20分钟。

2. 香菇以温水浸泡30分钟后，切成2厘米见方。

制作

1. 米洗净沥干放进煲中，加盐¾茶匙、鸡精1茶匙、猪油2大匙、滚水2½杯，以大火煮开。3分钟后，米面水分已干，将鸡块、香菇铺排饭上，加盖，改小火焖25分钟后，翻动鸡块，并用一根筷子将饭戳出几个洞，使热气上冲，再浇淋猪油1茶匙、酱油1茶匙，撒上葱段，加盖焖10分钟后熄火，连煲同端上桌。

2. 吃时，取出香菇、鸡块，将煲饭与油汁拌匀。另用铁勺刮下锅巴，拌和米饭盛于小碗，佐以香菇、鸡块来吃。

应用

用同样方法，以牛肉、田鸡肉、排骨取代鸡肉，可做出滑牛肉煲、田鸡煲、排骨煲等。

煲仔饭
原是广东的
一种简陋饭食
当地的人力车夫
常在车后
悬一个陶制的煲仔
无论车到何处
都能够就地取材
煮出煲仔饭来解饥
由于煲仔饭
具有特殊焦香
如今已成为
著名餐点

腊味煲仔饭

成品数量　2人份

材料	
	盐¾茶匙
	鸡精1茶匙
粳米1¾杯	猪油7茶匙
广式肝肠1条	酱油1茶匙
广式腊肠2条	**特殊工具**
广式腊肉150克	广式煲仔1个，2人份大小

准备

腊肠、肝肠、腊肉用热水洗净。腊肠、肝肠有肥油的部分以针刺穿，腊肉切成8厘米长段。

制作

1. 米洗净沥干，放进煲中，加盐¾茶匙、鸡精1茶匙、猪油2大匙、滚水2½杯，以大火煮开。3分钟后，米面水分已干，将腊味铺排饭上，加盖，改小火焖15分钟。然后掀盖，将腊味略为翻动，并用一根筷子将饭戳出几个洞，使热气上冲，再加盖焖10分钟。最后在饭面浇淋猪

右图下方为香菇滑鸡饭，上方为腊味煲仔饭

海霸王蟹饭

成品数量　4人份

材料

长糯米2杯
螃蟹1只约450克
台式叉烧肉40克
猪肥肉40克
芋头¼个
胡萝卜¼根
虾米¼杯
鸡蛋1个
芫荽少许
油葱1大匙

盐⅓茶匙
鸡精¼茶匙
糖½茶匙
猪油1½大匙
胡椒粉少许
油⅓锅

蘸料

醋1½大匙
糖1大匙
盐½茶匙
姜2片，切成细末
酱油少许

准备

1. 糯米洗净，浸泡3小时后沥干。
2. 参照图解，取一根筷子插进螃蟹口部，等蟹不能动后，用刷子彻底刷洗干净外壳，以免脏水流入。接着剥掉腹脐，打开蟹壳，去除鳃和嘴，再以刷子刷洗干净，注意尽量不要刷到上面的蟹黄。剔除蟹脚前肢，切下蟹螯拿刀背拍裂，蟹身则横切成四块，与蟹壳一起置旁备用。
3. 虾米洗净，以温水浸泡30分钟。
4. 芋头、胡萝卜去皮，和叉烧肉、肥肉各切1厘米立方的小丁。
5. 芫荽去根及败叶，洗净后切2厘米长段。
6. 将蘸料先调好备用。
7. 鸡蛋1个打散。

制作

1. 糯米加水1½杯，放入电饭锅中，煮成熟饭。
2. 炒菜锅中放油⅓锅，大火烧热后，先下芋头丁炸2分钟，至颜色转黄捞起。另拿一漏勺，在油锅上方，将打散的鸡蛋倒入勺中，一边迅速摇晃勺子，使蛋汁洒在热油上，炸1分钟成金黄色蛋酥，即捞出沥去油汁。
3. 炒菜锅内留油2大匙，放入肥肉丁略炸后，加油葱、虾米爆香，再下芋头丁、胡萝卜丁、蛋酥、叉烧肉丁一起拌炒3分钟，再加盐、鸡精各¼茶匙、糖½茶匙、酱油1½大匙、胡椒粉少许调味，翻炒几下即可起锅。
4. 将炒好的作料和做好的糯米饭充分拌匀，用一大盘盛起，上铺切好的蟹块及蟹壳，两边分铺蟹螯及蟹脚，置入蒸笼中。
5. 取一与蒸笼口径同大的锅，注入水⅔锅，大火烧沸后，坐上蒸笼，盖紧笼盖蒸20分钟即成。上桌时，撒上芫荽少许，与一小碟吃螃蟹用的蘸料一起供食。

要诀

螃蟹最好用活的母红，蟹黄多且肉质鲜美。买蟹时，视脐圆为母蟹，脐尖则为公蟹。

秋日里
菊黄蟹肥
做蟹饭的时机也到了
蟹饭
可以简单到
直接把洗净的蟹
蒸在白饭上
取其自然鲜美
若为宴席用
则可依食谱
做材料更讲究的
海霸王蟹饭

蟹饭杀蟹法

1. 取筷插入蟹嘴，待蟹不能动后，刷洗净外壳。

2. 剥下腹脐。脐圆为母蟹，脐尖为公蟹。

3. 按住蟹壳，两手大拇指齐插入脐内将壳剥开。

4. 除去蟹鳃，冲净蟹身泥沙，蟹黄须小心留下。

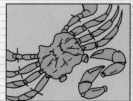

5. 砍断蟹螯拍裂，剔除蟹脚前肢。余横切为四。

6. 饭上铺摆带壳蟹黄、四块蟹身，两侧摆蟹螯。

左图为海霸王餐厅的蟹饭

台湾南部林边出产的蟳

烩饭类

一道菜
扣在一盘白米饭上
就成了烩饭
烩饭既简便，又实惠
是家庭最佳食品
家庭主妇不妨
精研一下
做烩饭的要诀
充分变化、利用

吃饭，离不了菜。巧手慧心的家庭主妇把一道菜扣在一盘白米饭上，就成了烩饭。既方便，又实惠。

下点功夫，烩饭也可以做得别具风味。一般说来，制作烩饭的菜肴无论荤素，总以口味稍浓的材料为上。做好的菜最好能有汤汁，饱含滋味的汤汁淋在饭上，更使人食欲大增。

在饮食店常见的烩饭，多半在汤汁中以淀粉勾上薄芡。勾芡的好处在于保温，也使汤汁更能均匀地裹在每粒米饭上。这技术也是值得我们参考的。

朴素入味的卤肉饭、嘉义出名的鸡肉饭……各种用材精细的烩饭，任君选择尝试！

与佛有缘烩饭

成品数量　4人份

与佛有缘烩饭
名称别致有趣
说穿了
基本上是素什锦饭
然而这道素饭里
为什么竟放了蚝油
这样的荤作料呢
广东师傅间流传着
一则
谐趣十足的传说：
目连往地狱救母时
穿行过大海
海中有几只蚝
竟攀附在他禅杖上
随他去地狱
而结下了佛缘
从此
与佛有缘烩饭里
必要放点蚝油
方才
名副其实是
与佛有缘！

材料

热饭4碗	新鲜芦笋150克
竹笋1支约150克	荷兰豆80克
胡萝卜½根约80克	豆腐乳3块
青江菜12棵	油½杯
新鲜芦笋150克	盐1茶匙
油面筋80克	鸡精1茶匙
粉丝1把	糖1大匙
干香菇15朵	酱油3大匙
洋菇罐头1罐	麻油1大匙
	蚝油1大匙
	淀粉3大匙

准备

1. 竹笋去壳，对切；胡萝卜刨皮，对切。一同放入滚水中煮15分钟后，切成厚0.5厘米的薄片。
2. 青江菜切去一半叶子，自根部对切为二，烫熟后过凉。芦笋切3厘米长段，烫熟后过凉。油面筋在滚水中煮软、过凉，挤去水分。
3. 粉丝、香菇各以温水浸泡30分钟。粉丝切10厘米长段，香菇去蒂。
4. 荷兰豆去蒂及筋络备用。
5. 将淀粉3大匙与水⅓杯调匀成水淀粉。

制作

1. 炒菜锅中烧热油½杯，放下豆腐乳3块炒香。加入笋片、芦笋、洋菇、草菇、香菇，加水4杯煮滚，接着下油面筋及盐1茶匙、鸡精1茶匙、糖1大匙、酱油3大匙，然后下胡萝卜片、粉丝、青江菜，烩10分钟，最后放荷兰豆及麻油1大匙、蚝油1大匙，加进调好的水淀粉，徐徐翻拌至汤汁呈微稠状即止。
2. 上桌时，先将白饭盛在盘中，再浇淋菜肴汤汁，即是与佛有缘烩饭。

要诀

与佛有缘本为一道素食，可加进任何素菜烹煮，如木耳、发菜、百叶均可。但要烩上10分钟，让各菜肴的滋味被充分吸收，才会好吃，因此不耐煮的荷兰豆必须最后放入，以保青翠。

咖喱鸡烩饭

成品数量　4人份

材料

热饭4碗
土鸡½只约900克
洋葱1个约230克
马铃薯2个约600克
姜8片，切成细末
咖喱粉3大匙
红辣椒1只，去籽，切2厘
米长段
油½锅

牛奶½杯
淀粉1大匙
猪油4大匙
面粉3大匙
盐2茶匙
糖2½大匙
鸡精1茶匙

腌料

米酒1大匙
淡色酱油1½大匙
淀粉2大匙

准备

1. 鸡洗净，剁成5厘米见方的鸡块，与腌料拌匀，腌20分钟。
2. 洋葱切成0.5厘米见方的小丁。
3. 马铃薯削皮，切成2厘米大小滚刀块。
4. 将淀粉1大匙与水½杯调匀成水淀粉。

制作

1. 大火烧开油½锅，转小火炸马铃薯4分钟，色呈金黄时捞起。接着炸鸡块，炸6分钟色转金黄时捞起。
2. 炒菜锅中放猪油4大匙，大火烧热后放下姜略爆，再加洋葱丁，改小火炸至金黄，放面粉3

与佛有缘烩饭

馆子里做烩饭
汤汁里
多以淀粉勾芡
勾芡的目的是
使鲜汁均匀包裹米饭
也兼有保温的功效
在这页图中
黄的是咖喱鸡
绿的是青椒牛肉
红的是番茄咕咾肉
多彩多姿的菜肴
都是
做烩饭的最佳材料

大匙搅匀，然后放咖喱粉3大匙及辣椒炒3分钟至香。

3.盛出炒香的咖喱料，倒入深口锅中，加水8杯略煮后，放进鸡块及马铃薯，以小火煮30分钟，并加盐2茶匙、糖2½大匙、鸡精1茶匙及调和过的水淀粉勾芡，倒入牛奶1杯即成。

4.上桌时，将白饭盛在盘中，再以咖喱鸡及汁浇淋饭上即可。

要诀

1.鸡先炸过再煮，可保肉质鲜嫩，不致碎烂。马铃薯亦然。

2.洋葱丁必须炸黄，可使香味完全融入汤汁。最后加入牛奶，使味更醇。

3.放咖喱粉后一定要炒香，味道才会出来。

青椒牛肉烩饭

成品数量　4人份

材料

热饭4碗	蚝油1大匙
牛里脊肉300克	淀粉1大匙
青椒1个	麻油2茶匙
姜6片	胡椒粉少许
葱2根，切成2厘米长段	**腌料**
红辣椒1只，去籽，切宽	糖1茶匙
0.5厘米	盐½茶匙
油½锅	胡椒粉少许
盐½茶匙	麻油2茶匙
糖2茶匙	淀粉1½大匙
猪油2大匙	米酒1大匙
酱油2大匙	鸡精1茶匙
鸡精1茶匙	酱油2大匙
	蛋清1个

准备

1.牛肉切成长7厘米、宽4厘米、厚0.3厘米的薄片，加水6大匙与腌料拌和，腌40分钟。

2.青椒去籽，切成长3厘米、宽2厘米的小块。

制作

1.大火烧热油½锅，转中火，倒入青椒稍炸即捞起。再将腌过的牛肉倒入，用锅铲迅速推散，10秒后捞起。

2.把油倒出，炒菜锅中只留油3大匙，爆香葱、姜、红辣椒，加水1½杯，倒入酱油2大匙、鸡精1茶匙、糖1茶匙、蚝油1大匙、麻油2茶匙、胡椒粉少许、淀粉1大匙及水3大匙，煮滚即放下青椒及盐½茶匙、糖1茶匙，徐搅两下即熄火。再将牛肉倒入拌匀，淋上猪油2大匙，即可盛出上桌。

3.食用时，将白饭盛在盘中，青椒牛肉及汤汁浇

淋其上，即成烩饭。

要诀

1.牛肉切得薄，过油动作快，才能鲜嫩适口。

2.最后淋上些许猪油，既可保温增香，又可增加光泽。

咕咾肉烩饭

成品数量　4人份

材料

热饭4碗	淀粉1½杯
排骨肉600克	醋7大匙
青椒1个	糖½杯
去皮菠萝½个约230克	番茄酱5大匙
番茄2个约200克	盐1茶匙
鸡蛋2个	**腌料**
葱2根，切2厘米长段	盐1茶匙
红辣椒1只，去籽，切2	麻油1大匙
厘米长段	米酒1大匙
油½锅	鸡精1茶匙
	胡椒粉少许
	淀粉5大匙

准备

1.排骨肉切成宽3厘米的长条，用刀背捶松后，再横切成宽2厘米的小块，依序加入腌料及水⅓杯拌匀，腌20分钟。

2.青椒去籽，切成2厘米见方。番茄去蒂，也切成2厘米见方。菠萝切成厚1厘米的薄片。

3.将淀粉1大匙与水½杯调匀成水淀粉。

制作

1.分开2个鸡蛋的蛋黄、蛋清。只取蛋黄与腌过的排骨肉拌匀后，裹一层淀粉，用力捏紧，放入热油½锅中以中火炸至金黄，捞出，再回锅炸一次，捞出备用。每次炸的时间约3分钟。接着放青椒，稍炸即捞起。

2.炒菜锅中放油3大匙，中火烧热后，依序投入菠萝、辣椒、番茄、青椒，稍翻炒即倒入醋7大匙、水½杯、糖½杯、番茄酱5大匙及盐1茶匙，煮开后，徐徐倒入水淀粉，使汤汁变成微稠即止。最后下排骨肉及葱段略拌便熄火盛出，此即咕咾肉。

3.吃时，先将白饭盛于盘中，浇上咕咾肉及汤汁即可。

要诀

1.咕咾肉临炸前裹淀粉，使淀粉与蛋黄合成薄衣，肉质便不易老硬。为使淀粉紧裹其上，做时须用手捏紧。

2.做咕咾肉要回锅炸一次，不易松散变形，且更为香酥。

右图下方为咖喱鸡烩饭，中间为咕咾肉烩饭，上方为青椒牛肉烩饭

豉汁鳝鱼烩饭

豉汁鳝鱼烩饭

成品数量　4人份

烩饭上的菜肴
以口味浓厚为佳
豉汁鳝鱼烩饭
便是一个好例子
学会了这道饭
同时
也就学会了一道
豉汁鳝鱼的名菜了

材料

热饭4碗	葱3根，切3厘米长段
鳝鱼600克	姜6片
豆豉2包约60克	油$\frac{1}{2}$锅
青椒2个	淀粉2大匙
蒜头8瓣，切成细末	糖$1\frac{1}{2}$茶匙
辣椒2只，去籽，切2厘米	鸡精$1\frac{1}{2}$茶匙
长段	米酒1大匙
	酱油2大匙
	盐$\frac{1}{2}$茶匙

鳝鱼去骨法

1.摔昏鳝鱼，鱼头钉住，
　刀锋自鳃下划至脊骨。

2.刀横卧，顺脊骨上方劈
　至尾部，鱼腹不划断。

3.挑去鱼肠，刀自脊下横
　劈除脊骨，连尾带下。

4.剁除鱼头，鱼肉翻面，
　斜切成2厘米长段。

准备

1. 参照图解，将鳝鱼去骨后，切去头尾，再切2
　 厘米长段。

2. 豆豉洗去泥沙，切成碎末。

3. 青椒剖开，去籽，切2厘米见方的小块。

4. 将淀粉2大匙与水$\frac{1}{2}$杯调匀成水淀粉。

制作

1. 烧热油$\frac{1}{2}$锅，将鳝鱼倒入，1分钟即捞起。续
　 将青椒、辣椒过油，捞起。

2. 炒菜锅中放油$\frac{3}{4}$杯，大火烧热后，放下豆豉及
　 蒜、姜炒至香味出，再将鳝鱼倒入，加糖$1\frac{1}{2}$茶

匙、鸡精1½茶匙、酒1大匙、酱油2大匙、盐½茶匙及水2杯,煮开。投入葱段,再徐徐倒入调匀的水淀粉,一边用锅铲翻搅,至汤汁微稠即停止,然后倒进青椒、辣椒,翻炒之后熄火盛起。

3. 上桌时,先将热饭盛于盘内,其上浇淋鳝鱼及汤汁即可。

要诀

1. 鳝鱼过油动作要快,才能维持肉质细嫩。

2. 豆豉、蒜末必须在油中炸至香味溢出,再倒鳝鱼。豉汁带蒜香,是本菜特色。

蟹肉生菜烩饭

成品数量　4人份

材料

热饭4碗	盐1½茶匙
螃蟹1只约900克,以蚂为佳	鸡精2茶匙
生菜600克,以美国生菜为佳	猪油10大匙
金华火腿40克	米酒2茶匙
姜4片,切成细末	麻油1茶匙
蛋清2个	胡椒粉¼茶匙
	淀粉1½大匙

蟹肉生菜烩饭

蟹肉剔取法

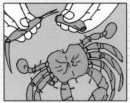
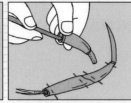

1. 蒸好后，沿线切鳌、脚、身，再折首段蟹脚。

2. 中段蟹脚沿线切开，取竹签通出前三段脚肉。

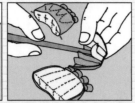

3. 以刀背拍碎蟹鳌，剥去碎壳，取出蟹肉。

4. 两块蟹身各横切为二，剔出蟹肉。

准备

1. 螃蟹自口部以一根筷子插入，将蟹插死，然后参照67页图解剥腹脐，去蟹鳃及嘴，洗净。在炒菜锅中煮滚水½锅，安置好箅子，放上螃蟹，加盖大火蒸10分钟。如图切下大鳌、蟹脚，蟹身切半，再将蟹脚分别断开，由切口剔得蟹肉，并用刀背拍碎大鳌取出蟹肉，最后横切蟹身，取出蟹肉来。

2. 蛋清2个，加一倍水打匀。

3. 火腿在开水中煮5分钟至熟，取出切成碎末。

4. 生菜洗净对切，剥下叶片备用。

5. 将淀粉1½大匙与水½杯调匀成水淀粉。

制作

1. 锅中煮开水2杯，加盐1茶匙、鸡精1茶匙、猪油8大匙、酒2茶匙，并加调好的水淀粉徐徐搅拌，至汤汁呈微稠时即止，再放进姜末及蟹肉，最后加入备好的蛋清，拌匀即盛起，淋麻油1茶匙，撒胡椒粉¼茶匙。

2. 煮开水½锅，加猪油1大匙，将生菜放入烫30秒即捞起。

3. 炒菜锅中放入猪油2大匙，大火烧热后，倒入生菜快炒，以盐½茶匙、鸡精1茶匙调味，然后将蟹肉连汤倒入略煮，即可熄火盛出。

4. 上桌前，将热饭盛在盘中，淋上蟹肉生菜及汤汁，再撒上火腿末作为装饰。

要诀

1. 螃蟹以蟳为佳，可选无黄的公蟹较经济，蟹以肉实者为上好。

2. 烫生菜时加猪油，可使其滑润不涩。炒时动作要快，以保持爽脆。

自古以来
中国人最讲究食米
吃猪肉
处理肥肉的功夫
堪称一绝
梅干扣肉饭中
五花肉先用油炸
除去部分肉中油脂
再蒸去一些油分
加上梅干菜的清香
真是香味四溢
入口即化

梅干扣肉饭

成品数量　4人份

材料

热饭4碗

猪后腿肉900克，五花肉亦可

梅干菜230克

芥蓝菜300克

葱2根，1根切成3厘米长段，另1根切成葱花

姜3片，切成细末

油⅓锅

盐¼茶匙

鸡精⅛茶匙

白砂糖9¼茶匙

米酒1大匙

酱油9大匙

淀粉1大匙

准备

1. 大火煮开水½锅，放下后腿肉煮30分钟后取出，并以酱油涂抹猪皮。

2. 梅干菜泡水30分钟，使其充分吸收水分，去除泥沙，然后切成1厘米长段。

3. 芥蓝菜只取嫩叶嫩茎，以开水烫熟后用冷水漂凉。

4. 将淀粉1大匙与水½杯调匀成水淀粉。

制作

1. 梅干菜以油3大匙炒散，放入葱花、姜末，并加酒1大匙、酱油½杯、白糖3大匙、鸡精¼茶匙，炒匀后盛起备用。

2. 大火烧热油¼锅，参照图解将后腿肉的瘦肉朝上，皮朝下，放进锅中炸2分钟。仅使猪皮及肥肉受到油炸。

3. 将肉依纹路走向，切为宽0.5厘米的薄片，依序层层铺排在大碗中，将碗底完全盖满。再把梅干菜平铺在肉片上，恰恰将碗铺满。然后放入蒸笼，以滚水大火蒸1小时30分钟。

梅干扣肉制作法

1. 将腿肉厚皮朝下摆入油中，仅炸猪皮及肥肉。

2. 炸至红褐捞起，顺肉纹走向切0.5厘米薄片。

3. 肉片依序层层铺排碗中，将碗底完全铺满。

4. 再加进炒好的梅干菜，直至满碗。

右图为梅干扣肉饭

4.炒菜锅中放油3大匙，大火烧热，爆香葱段，放入芥蓝菜，加盐$\frac{1}{4}$茶匙、糖$\frac{1}{4}$茶匙、鸡精$\frac{1}{8}$茶匙，快炒后盛起。

5.梅干菜肉蒸好时，沥出汁液，倒扣在盛于盘中的白饭上，并以芥蓝菜铺在周围做装饰。将汁液倒回锅中，徐徐加入调好的水淀粉勾芡，至汤汁微稠即止，然后再盛起浇淋在肉上。

要诀

1.肉先油炸再蒸，可使肉皮易烂，亦可去除部分肥油。

2.切肉片时，必须顺肉纹横切，才会细嫩易嚼，不致塞牙。

3.肉片铺在碗中，可随意排成圆形或长形，但以铺满碗底为原则。

鸡肉饭

成品数量　4人份

材料	猪油3大匙
	米酒$\frac{1}{2}$茶匙
热饭4碗	盐2茶匙
火鸡肉150克	鸡精1茶匙
猪肉末150克	**卤料**
虾米40克	酱油2大匙
红葱头末3大匙	白砂糖1大匙
鸡油80克	

准备

虾米洗净，以温水浸泡30分钟后，沥去水分。

制作

1.火鸡肉放进锅中加入清水，水高盖过火鸡肉，加盐2茶匙、鸡精1茶匙，盖上锅盖，以中火煮滚后，再煮3分钟。熄火取出火鸡肉，待热气散后将肉撕成宽1厘米的长丝。

2.炒菜锅中加猪油1大匙大火烧热，转中火，将鸡油炸化，再下红葱头末1大匙爆香，并加入米酒$\frac{1}{2}$茶匙拌匀，熄火盛起。

3.炒菜锅中倒入猪油2大匙，以大火烧热，下红葱头末2大匙爆香，接着下虾米、肉末，将肉炒散后，再加卤料及水1$\frac{1}{2}$杯，盖上锅盖，转小火卤20分钟，成为肉臊汁。

4.在4碗热白饭中，各淋上炒好的鸡油1茶匙、肉臊汁1大匙，再铺满火鸡肉丝即可。

要诀

1.用火鸡肉做鸡肉饭的好处是韧性佳、纤维粗、有嚼劲，尤以胸肉为最。

2.煮火鸡肉时，调味料须与火鸡肉同时下锅，肉方入味；但不能煮太久，以免肉烂缺乏弹性。

鸡肉饭
卤肉饭和焢肉饭
都是最家常的食品
如果用材精到
亦可成为米食佳味
鸡肉饭以火鸡肉最好
香而耐嚼
卤肉饭宜用猪脖子肉
久煮不化
焢肉饭则取五花肉
肥瘦相间
滋味相辅相成

3.鸡油炸好后，滴入少许米酒可去腥味。

4.剩余的鸡油及肉臊汁应用保鲜膜封好，放进冰箱。肉臊汁可与下回新的肉臊汁合卤，越陈越入味。

卤肉饭

成品数量　4人份

材料	卤料
	红辣椒2只，切成细丝
热饭4碗	酱油2$\frac{1}{2}$大匙
肥猪肉末150克	酱油膏1大匙
红葱头末1大匙	砂糖1大匙
蒜头10瓣，捣成蒜泥	米酒1大匙
腌渍黄萝卜8片	胡椒粉$\frac{1}{2}$茶匙
油2大匙	肉桂粉少许
	五香粉1茶匙

制作

1.锅中烧热油2大匙，以中火爆炒红葱头和蒜泥至金黄色，倒下肉末续炒，见肉色转白，加入卤料及水1$\frac{1}{2}$杯，盖上锅盖，烧滚后，转小火

台北的双连卤肉饭摊

笋条排骨汤 28
苦瓜丸 18
莉瓜丸 18
林菜肉丝汤 18
贡丸汤 12
清苦瓜 10
鲁肉饭 10

老板——
来一客卤肉饭!
小摊上的卤肉饭
是最家常的食物
虽然朴素价廉
却久食不腻
其中
熬煮肉汁的特殊技巧
是值得我们学习的
"卤"与"鲁"同音
一些馆子便把
"卤肉饭"写作了
"鲁肉饭"

卤肉饭

鸡肉饭

焢肉饭

熬煮30分钟即成卤肉汁。

2. 取一个大盘子，盛上热饭4碗，浇淋上所有的卤汁，再配上爽脆的腌渍黄萝卜片，中和卤肉汁的油腻，味道尤佳。

要诀

1. 卤肉饭的肉越肥越好吃，可挑猪脖子一带的有弹性的肥肉来熬煮，才不至于烂成糊状。

2. 卤肉汁最好以陶锅熬制，熬的时间也是越久越香、越入味，但要注意勿使干底焦锅。

应用

焢肉饭

在卤肉饭的卤汁中放入长7厘米、宽5厘米、厚0.8厘米的五花肉片合卤，即成客家人习称的"焢肉"。将焢肉铺在卤肉饭上，再依个人口味，添加少许酸菜及笋干，即是"焢肉饭"。

米菜点心类

中国人吃米七千年，对米的性格摸得精通熟透。若问在米粒做成的米食领域，哪一类最细致精彩，那就要看以下属于菜点的段落了。

菜点中的米粒超越了配食的配角地位，跃升为餐宴上的主角。大致说来，米粒在此充分发挥了它的多重特质——膨胀、黏糯、易成形、易吸收滋味。

再分析菜点米食的形式，大致可分为米粒包裹在外、米粒塞藏于内，以及纯以米粒混合作料制成的食物三类。

像珍珠丸子，巧妙地利用肉丸的黏性，滚上生糯米，蒸熟后，粒粒白米晶莹透亮，令人食指大动。这是米在外的佳例。

米藏在内的就更精彩了，八宝鸭、糯米肠、江米莲藕、桂花金子糕、青椒镶米、菊花糯米烧卖……每一种都使米粒充分吸取菜肴的精华，成为令人食之难忘的米食。

纯以米为主的，也有筒仔米糕、南瓜糯米饭、米布丁、米色拉、八宝饭等餐点，其中尤以八宝饭最受大人小孩欢迎。在这里，除了基本做法，我们也会教你如何设计出图案与形状更美观、别致的八宝饭。等做得熟练、上手了，大可以做一个新奇模样的八宝饭，作为赠送亲友的最佳礼物。

"家中的一缸寻常白米，也可以变出一桌大菜。"你相信吗？来，卷起袖子试试看！

珍珠丸子

成品数量　4笼

珍珠丸子制作法

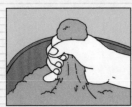
1.肉馅在掌中揉捏紧密后，收紧虎口挤出肉丸。

2.一手撒米在肉馅上，一手晃动丸子黏着米粒。

3.将一颗颗丸子摆入蒸笼，丸上摆放胡萝卜丁。

4.大火蒸熟后，在每颗丸子上饰以芫荽叶。

材料	
	芫荽叶$\frac{1}{3}$杯
	葱3根，切成细末
圆糯米300克	去皮老姜8片，切成细末
猪肉末900克	盐1茶匙
荸荠4个	鸡精1茶匙
鸡蛋1个	胡椒粉$\frac{1}{2}$茶匙
胡萝卜$\frac{1}{2}$根约100克	酱油1大匙

准备

1.糯米洗净，泡水3小时，捞起沥干置于盆中。

2.荸荠去皮，切成0.2厘米立方的小丁。

3.做肉馅时，先将葱、姜、荸荠一道和入肉末中，再加进盐1茶匙、鸡精1茶匙、胡椒粉$\frac{1}{2}$茶匙、酱油1大匙，以手揉和均匀后，打下鸡蛋1个，继续揉和5分钟，让肉馅充分入

味。揉和时，可用手将肉馅向容器内壁轻摔，以增加肉馅的弹性及黏合性。

4.胡萝卜切成极细的小丁，以备装饰。

5.芫荽以水冲净。

制作

1.蒸笼内铺好打湿的蒸笼布。

2.取一块肉馅在手中捏揉，然后收紧虎口，挤出一团直径4厘米的小球，放在掌心。

3.米盆置于掌心下方，另一手取一小把米撒在肉馅上。撒后手掌轻轻摇晃，让肉馅在手中滚动黏着米粒，并使多余的米粒晃出手心，落入盆中，然后将丸子摆进蒸笼。

4.等一颗颗丸子在蒸笼内列齐，就在每颗丸子上摆放胡萝卜丁$\frac{1}{4}$茶匙，作为装饰。

5.炒菜锅内煮滚水$\frac{1}{2}$锅，摆上两个蒸笼，盖严笼盖，大火蒸10分钟左右，调换一下上、下笼位置，使两笼都能均匀受热；然后再蒸七八分钟，见糯米晶亮透软就是熟了，即转小火，在每颗丸子的胡萝卜丁上，放一两片芫荽叶，盖上笼盖，大火续蒸30秒，让水气润绿叶子，就可以熄火夹起，再蒸两笼。蒸熟后就可盛盘上桌了。

要诀

1.蒸笼布预先打湿，蒸后才不会粘住丸子。

2.一般家庭做珍珠丸子时，可以把米盛在小盆中，直接把肉馅放在米上滚一滚，粘裹上一层米粒，也同样做得成。

左图为珍珠丸子

晶莹剔透、一粒粒珍珠也似的白米裹在香腴的肉丸上真是最完美的米食餐点了从小小的一颗珍珠丸子我们可以深深体会中国人用米精妙之处在米菜点心这个段落中米粒已从配属地位跃升为餐宴中的主角

碧绿霸王鸭

成品数量　8人份

材料

圆糯米370克
土鸭1只约2400克，不掏内脏
虾米⅛杯约20克
去壳栗子12颗
干冬菇4朵
金华火腿20克
咸鸭蛋2个
芥蓝菜300克
油½锅
葱2根，切3厘米长段
姜4片
盐1½茶匙
鸡精1½茶匙
酱油3大匙
米酒2大匙
糖1茶匙
胡椒粉少许

拌料1

米酒½茶匙
麻油½茶匙
盐½茶匙
蛋清½个
淀粉½茶匙
鸡精½茶匙
胡椒粉¼茶匙

拌料2

米酒½茶匙
麻油½茶匙
鸡精½茶匙
盐½茶匙
淀粉½茶匙
胡椒粉¼茶匙

淋料

猪油2大匙
鸡精⅛茶匙
糖⅜茶匙
酱油3大匙
淀粉3大匙
麻油½茶匙
胡椒粉¼茶匙

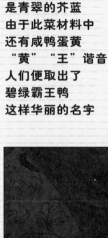

碧绿霸王鸭
碧绿指的
是青翠的芥蓝
由于此菜材料中
还有咸鸭蛋黄
"黄""王"谐音
人们便取出了
碧绿霸王鸭
这样华丽的名字

准备

1. 糯米洗净，浸泡一夜。

2. 参照图解，将鸭皮、鸭骨分开。再把鸭皮反面翻至翅膀。将最上节的肱骨连关节取出。然后翻至腿部，切开大腿肉，连关节取出大腿骨，并且将小腿骨剁去一半。待双翅、双腿都处理好，再将附在鸭皮上的鸭肉切下，只留完整的一张鸭皮，然后将鸭皮翻回正面，切除肛门，以除腥臊。并剁去翅尖，以免戳手。

3. 洗净鸭皮，用手勾出鸭舌，拉开鸭嘴，上下嘴间剁开，去除下嘴，并将上嘴剁去一半。

4. 冬菇、虾米、栗子分别以温水泡30分钟。冬

碧绿霸王鸭

菇切1厘米立方小块，火腿切1厘米立方小丁。栗子置滚水中煮15分钟后捞起。

5. 鸭肉取一半，切1厘米立方的小丁，放入拌料1中拌匀。

6. 鸭肫切开，掏除内部砂质，剥掉肫衣，切1厘米立方的小丁，放入拌料2中拌匀。

制作

1. 糯米放入锅中，加水盖过米面，以大火煮10分钟至五分熟，捞起，过冷水去除黏性。

2. 大火烧热油½锅，转中火，放入鸭肉丁过油，见肉色转白即捞起，续将鸭肫过油，2分钟后捞起。

3. 炒菜锅中放油½杯，烧热后倒下糯米翻炒，先加鸭丁、鸭肫、冬菇、火腿、虾米、栗子，再以盐1茶匙、鸡精¼茶匙及胡椒粉少许调味，炒匀后盛起。

碧绿霸王鸭去骨法

1. 将鸭脚自上方关节处剁下，并在鸭颈前方纵划一刀。

2. 由划开处摘除气管、食道，并将颈皮完全拉离颈骨，再剁断颈骨。

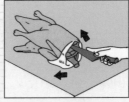
3. 鸭皮连头向后翻起，皮与肉相连处以小刀划开，顺势剥下鸭皮。

4. 剥至鸭膀处，露出两侧翅膀与鸭身相连的关节，将关节切断。

5. 取小刀沿着胸部弧线，贴着肉一点点伸进，慢慢将胸骨除下。

6. 翻过鸭身，用小刀把脊骨两侧皮肉分开，再以大刀背压脊上鸭皮。

7. 再将鸭皮褪到腿部，并切开两侧与鸭身相连的腿关节。

8. 鸭皮剥至尾部，连皮带尾切下，分开皮与骨。若切破皮用牙签穿缝。

4. 先将一半的米填入鸭皮中，再将两个剥去蛋壳、蛋白的咸鸭蛋黄放进去，最后将米全部填入，以数支牙签缝合裂口。

5. 拉起双翅，使鸭颈绕翅一圈后，将鸭头塞入圈中固定。放入烧滚的水½锅中略烫一下，较易维持齐整美观，不易变形。

6. 将鸭胸朝上，以牙签在胸腹穿孔放气，然后在鸭皮上敷涂一层酱油。

7. 中火烧热油½锅，放整只鸭炸5分钟后，翻面再炸5分钟捞起，使双面皆呈金黄。注意翅膀也要炸到，颜色才会均匀。

8. 将鸭放进蒸盘，胸朝上，依序洒酒1大匙、盐½茶匙、鸡精¾茶匙。再把葱、姜置于其上，加水1½杯，连盘放进蒸笼，盖严笼盖，以滚水

做碧绿霸王鸭
必须先
巧妙地剥下鸭皮
然后
才能填塞糯米
鸭肉丁和其他作料
剥鸭皮的功夫
非常细腻
不可心浮气躁
要不然
鸭皮很容易就破了
苦功不会白费
色香味俱全的
碧绿霸王鸭
定能在
筵席上抢尽风头

大火蒸1小时。

9. 芥蓝菜只取菜心，在滚水中烫1分钟后过凉。再以大火烧热炒菜锅中油3大匙，放下菜心，加盐 $\frac{1}{4}$ 茶匙、糖1茶匙、鸡精 $\frac{1}{4}$ 茶匙、酒1大匙，快炒盛起，铺在盘子周围。

10. 鸭蒸好后，取出牙签，切下头、翅，依原样排列在盘中。

11. 接着做淋汁，锅中以大火烧热猪油2大匙，倒下蒸鸭时的原汤，再加进其他淋料，烧滚后浇淋在鸭上即成。

要诀

1. 鸭去骨时，尽量维持表皮的完整。若有破损，可用牙签在裂处缝合补救。

2. 附在鸭皮内的鸭肉应予切除，否则蒸后皮肉老硬，不易适口。

3. 填鸭只能填七分满，否则糯米蒸熟发胀，易撑破鸭皮。

4. 炸鸭前，先理外形，将胸腹压整均匀，炸后才好看。

5. 请客时，可在前一天先将鸭子填好内馅、外皮涂抹一层酱油，随后放冰箱中冷藏。当天再接着炸、蒸，以节省时间。

八宝鸭

成品数量　8人份

材料

圆糯米2杯	虾米 $\frac{1}{4}$ 杯
鸭1只约2400克，不掏内脏	葱2根，切3厘米长段
金华火腿80克	油 $\frac{1}{2}$ 锅
广式腊肠2条约80克	盐 $1\frac{1}{2}$ 茶匙
去壳栗子10颗	鸡精 $2\frac{1}{2}$ 茶匙
红枣40克	酱油 $1\frac{1}{3}$ 杯
干香菇4朵	糖2大匙
	八角2个

准备

1. 糯米洗净，泡水一夜后沥干。

2. 鸭子洗干净，将鸭脚自与鸭掌连接的关节处剁去，不可剁得太高，以免煮时鸭皮上缩。

3. 在鸭颈项近鸭身处划一刀，摘除里面的气管、食道。接着在鸭子腹骨下方近尾椎处，开一小口切除肛门，自此口掏出内脏，留下鸭肫、鸭肝、鸭心及几块黄色的鸭肥油备用。掏除干净后，加盐 $\frac{1}{2}$ 茶匙搓抹腹内，再以清水彻底冲洗干净，置旁备用。

4. 鸭肫切开，除去里面的脏物，并剥掉黄色的肫衣，以盐1茶匙用力搓过，清水冲净。与鸭肝、鸭心各切0.5厘米立方的小丁。

5. 栗子放碗中，加热水 $\frac{1}{2}$ 杯，碗上架放火腿、腊肠一起置电饭锅内，蒸15～20分钟后取出，各切0.5厘米立方的丁块。

6. 红枣、香菇、虾米各以温水 $\frac{1}{2}$ 杯浸泡30分钟。红枣去核，香菇去蒂，各切0.5厘米见方的小块。虾米则切碎。

7. 准备长70厘米的棉线两根，牙签十数支和30厘米见方的锡箔纸一张。

制作

1. 炒馅料时，先以大火烧热炒菜锅中油3大匙，放入鸭肥油略炸，再倒下切丁的各料拌炒，另加鸡精1茶匙、酱油和糖各1大匙。翻炒2分钟后，倒下糯米炒匀，并加水2杯，盖上锅盖，转中火烧煮。过七八分钟，再改小火焖煮。中间每两分钟掀盖炒米一次，以免焦底，炒至水分收干为止。全部过程需时15分钟。

2. 填塞馅料时，先将鸭颈的开口以牙签每隔1厘米插穿两边，再拿棉线交叉缠绕牙签，最后打个结绑紧。把馅料自腹部开口填入，同时拿汤匙将米塞紧，填至八分满就好。同样以棉线缠绕牙签将开口缝合后，再把鸭头与一边鸭翅用线绑在一起固定，就可以准备下锅油炸了。

3. 大火烧热油 $\frac{1}{2}$ 锅，把鸭子腹部朝上慢慢放入，转中火炸5分钟后，翻面续炸10分钟，再小心翻过来不要弄破表皮，炸3～5分钟，到两面颜色皆呈金黄，方才熄火，鸭子仍放锅中。

4. 鸭子炸好后，还要再经红烧。将锅里的炸油舀出，仅留3大匙，然后在鸭子底下垫一张锡箔纸，加葱段、八角2个、鸡精 $1\frac{1}{4}$ 茶匙、糖1大匙、酱油 $1\frac{1}{4}$ 杯、水7杯，开大火烧滚后，盖上锅盖，改中火煮1小时30分钟，至汤汁收到鸭身一半，再小心翻面继续焖煮1小时30分钟即可。上桌时，先将棉线、牙签拿掉，趁热食用，味道极佳。

要诀

1. 做八宝鸭这道菜，鸭子不需太大，以免制作时因翻面不易而弄破外皮，漏出馅料。

2. 炒糯米馅料时，水不要加太多，只需加到刚好与米面齐即可，否则米炒得过烂，就不好吃了。将浸泡过香菇、虾米、栗子、红枣的水取代清水加入，更为增味。

3. 炸鸭前，把鸭身先擦干再慢慢放入，可免热油飞溅。

4. 红烧鸭子时，底下垫一张锡箔纸可以隔离鸭身，以免粘锅弄破表皮。另外，红烧剩下的卤汁，可再用大火收至黏稠，浇淋在鸭上。

比起碧绿霸王鸭
八宝鸭的做法
就简便多了
鸭肚内填入糯米
火腿、腊肠、栗子
红枣、香菇、虾米
煮熟后芬芳四溢
亦为餐宴中的名菜

八宝鸭

脆皮糯米鸡

应用

八宝鸭的馅料可随个人喜好口味，随意增添。如供作筵席菜，可在盘底衬垫烫熟的青江菜、芥蓝菜等装饰。

脆皮糯米鸡

成品数量　8人份

材料

圆糯米230克

土鸡1只约900克，不掏内脏

去壳白果25颗

干贝20克

干冬菇4朵

金华火腿20克

鸡蛋2个

广东生菜叶6片

红辣椒1只，去籽，切细丝

葱2根，切3厘米长段

姜4片

油 $\frac{1}{2}$ 锅

盐 $\frac{1}{2}$ 茶匙

鸡精 $\frac{1}{4}$ 茶匙

米酒1茶匙

胡椒粉少许

淀粉 $\frac{3}{4}$ 杯

腌料1

米酒 $\frac{1}{2}$ 茶匙

麻油 $\frac{1}{4}$ 茶匙

盐 $\frac{1}{8}$ 茶匙

淀粉 $\frac{1}{2}$ 茶匙

鸡精 $\frac{1}{4}$ 茶匙

胡椒粉 $\frac{1}{8}$ 茶匙

腌料2

米酒 $\frac{1}{2}$ 茶匙

麻油 $\frac{1}{4}$ 茶匙

鸡精 $\frac{1}{8}$ 茶匙

盐 $\frac{1}{8}$ 茶匙

淀粉 $\frac{3}{4}$ 茶匙

胡椒粉 $\frac{1}{8}$ 茶匙

论到
中国菜精致的一面
脆皮糯米鸡也是
大师傅最刻意
经营的名菜
做工虽繁
入口却香酥极了
吃着脆皮糯米鸡的
食客，真是好口福！

准备

1. 糯米洗净，浸泡一夜。
2. 参照80页碧绿霸王鸭食谱及去骨法图解，将鸡去骨去肉，留下一张完整的鸡皮。唯脆皮鸡因翅小，故翅膀保留完整，不必取骨。
3. 干贝、冬菇分别以温水浸泡30分钟。干贝撕成细丝，冬菇切1厘米见方的小块。
4. 白果放入水中以大火煮开，再转小火煮1小时，至其松软为止。火腿切成1厘米立方小丁。
5. 分开鸡蛋2个的蛋黄、蛋清。
6. 鸡肉取一半，切1厘米立方的小块，加入腌料1及蛋清¼个拌匀，腌20分钟。
7. 鸡肫切开，掏除内部砂质，撕去肫衣，切成1厘米立方的小块，放腌料2中腌20分钟。
8. 生菜切成细丝，与辣椒丝同泡水中。

制作

1. 糯米倒入锅中，加水盖过米面，大火煮10分钟至半熟后捞起，过冷水以除黏性。
2. 大火煮开油½锅，转中火放鸡丁过油，肉色转白即捞起。续将鸡肫过油，1分30秒即捞起。
3. 炒菜锅中烧热油¼杯，倒下糯米翻炒，先下鸡丁、鸡肫，再加干贝、冬菇、白果及火腿，并以盐½茶匙、鸡精¼茶匙及胡椒粉少许调味，最后加水1大匙，炒匀后填入鸡腹中。以数支牙签缝合裂口。
4. 拉起双翅，把鸡颈绕翅一圈后，将鸡头塞入圈中固定。放入烧滚的水½锅中略烫一下，然后将鸡胸朝上，在胸腹穿孔放气。
5. 中火烧热油½锅，放鸡炸3分钟后，翻面再炸3分钟捞起，使双面皆呈金黄。
6. 将鸡放进蒸盘，胸朝上，依序洒酒1茶匙、盐¼茶匙、鸡精½茶匙，把葱、姜置于其上，连盘放进蒸笼，盖严笼盖以大火滚水蒸1小时。
7. 蒸好后取出牙签，切下头、翅。将刀面沾水以卧刀横切过鸡身，分成两块。另外把蛋黄2个打散，涂在鸡上，厚裹一层淀粉，最后再用水沾湿粉面。
8. 烧热油½锅，以中火分别将鸡块两面炸至金黄，每面炸5分钟。取出，切下尾及脚，再将鸡块分切成3厘米见方，依未横切前形状叠放在盘中。
9. 头、翅、尾、腿依鸡的形状放在旁边恰当的位

金山童鸡饭
是南京的名菜
鲜嫩的童子鸡用冰糖
酱油烫熟
米饭则以大蒜炒过
吃的时候，口嚼鸡肉
舀一勺炒饭
蒜香扑鼻，真过瘾！

金山童鸡饭

置上。另将生菜丝及辣椒放在盘边作装饰。

要诀

1. 鸡块下锅炸之前，一定要密密粘裹一层淀粉，并用水沾湿，以保持鸡块的形状完整，不致炸成碎块。

2. 去骨去肉时，如将鸡皮弄破，可用牙签缝合，以免兜裹不住糯米馅料。

金山童鸡饭

成品数量　8人份

材料

粳米1½杯	鸡精¼茶匙
	卤料
童鸡或嫩鸡1只掏去内脏，约1200克	冰糖½杯
	八角1大匙
蒜头6瓣，切成细丁	葱1根
鸡油2片	姜1小块约10克
油1大匙	米酒2大匙
盐¼茶匙	淡色酱油10杯
	油2大匙

准备

1. 将粳米洗净沥干。

金山童鸡饭剁鸡法

1. 剁下鸡脚后去爪，与鸡身齐泡煮，熟后取出。

2. 沿线斩下头、颈、膀、翅，除去下颌及颈部。

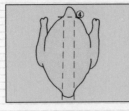

3. 鸡身沿脊椎两侧切开，脊部除去，留用尾椎。

4. 在鸡腿鸡身交连处斜划一道，顺线斩下两腿。

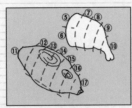

5. 腿肉如图斩成6块，胸肉略拍平后斩成7块。

6. 对照数字将鸡块按序铺于饭上，饰以翅、脚。

2. 鸡脚由关节处剁下。

制作

1. 先做卤汁。取一个放得下全鸡的锅子，倒下卤料，大火烧开。葱、姜只熬味道，不需切段。

2. 卤汁烧开后，熄火，放入鸡脚，再放全鸡，大火烧煮。煮时翻转鸡身两次，5分钟后，熄火离炉，让鸡只在卤汁中慢慢泡熟，30分钟后再上炉以同法烧煮、温泡。如此3次，鸡只不但泡熟，卤香也浸进去了。

3. 炒菜锅中舀入油1大匙，再放进鸡油2片，以中火炒化，过滤到另一个炒菜锅中，放回火上，倾下蒜头，中火翻炒到蒜头颜色转黄，香味炒开，随即倒入粳米，再下盐¼茶匙、鸡精¼茶匙，快炒1分钟后，盛入电饭锅内，加水1¼杯，将饭蒸熟。

4. 鸡油饭熟后，盛进盘中央，按压成凸起形状。

5. 参照图解斩开鸡只，一块块铺于饭上，远看就像一只有脚有翅的肉鸡趴在饭上，配上一小碟原卤汁，即可趁着温热上桌了。

要诀

每回煮鸡的时间最好不要超过5分钟，否则肉中的汁液被熬煮出来，不但肉质变硬，味道不鲜，营养价值也会降低许多。

把一只完整的鸡
或鸭剁骨剔肉
或者
蒸、煮、炒、炸
百般拨弄
调制成千般滋味
是中国人的拿手好戏
将各式美味的
家禽菜点
配上清芬的米饭
花样可就更加
千变万化了
例如这里介绍的
金山童鸡饭
还有脆皮糯米鸡
碧绿霸王鸭、八宝鸭
不但滋味鲜腴
最妙的是还维持着
鸡、鸭完整的形状！

青椒镶米

成品数量 8人份

材料

冷饭2碗
青椒8个约900克
猪五花肉末750克
干香菇7朵

鸡蛋4个
淀粉1茶匙
油4大匙
盐$\frac{3}{4}$茶匙
鸡精1$\frac{1}{4}$茶匙
酱油5大匙

准备

1. 香菇以温水浸泡30分钟后，沥干去蒂，切0.3厘米立方的丁块。
2. 五花肉末用菜刀剁细。
3. 鸡蛋4个打散备用。
4. 青椒对剖成两片，去籽与内瓤后，以水冲净。

制作

1. 将饭、碎肉、香菇混合，加入酱油2$\frac{1}{2}$大匙、盐$\frac{3}{4}$茶匙、鸡精$\frac{1}{2}$茶匙调味，再加淀粉1茶匙，充分拌匀，将打散的鸡蛋倒入，再搅拌均匀，填入青椒内，以筷子压实、刮平。
2. 炒菜锅中放油4大匙，大火烧热后，转小火，即将4份青椒馅面朝上放入锅中，煎1分钟至青椒皮泛白，并略起泡，然后翻面再煎1分30秒至馅面呈金黄色，即可沥去油盛起，其余青椒以同法煎好盛盘备用。
3. 青椒煎过之后，还要再红烧一次。倒出锅中余油，加入水2$\frac{1}{2}$杯、酱油2$\frac{1}{2}$大匙、鸡精$\frac{3}{4}$茶匙，将煎至半熟的青椒全部放入锅中，馅面朝上叠成两层，汤汁恰可盖过下层青椒，盖上锅盖大火煮7分钟后转小火，将青椒上下层位置互换，再盖上锅盖，煮3分钟后熄火。
4. 红烧好的青椒盛盘，淋上剩余汤汁即可上桌。

糙米是
最好的纯天然食物
将其镶入
营养丰富的青椒
配合起来
别有一番朴素清芬
的滋味

青椒镶米

酒香鱼米

要诀

1. 馅料填入青椒时，要压实填平，以免馅料掉出。煎时应先煎椒面再煎馅面，翻面时也应小心。
2. 红烧时，汤汁应盖过下层青椒，若锅子太大汤汁不够，可将水、酱油、鸡精按比例增加。

酒香鱼米

成品数量 8人份

材料

胚芽米3大匙
鲤鱼1条约1200克
荸荠10个
猪大骨头1副
培根肉3片约80克
姜6片，其中3片切成末，3片切成细丝

葱4根，其中3根切成末，1根切成细丝
盐2茶匙
白葡萄酒1瓶
鸡油40克
胡椒粉$\frac{1}{5}$茶匙
麻油1$\frac{1}{2}$大匙
酱油3大匙

江南俗称
"鱼米之乡"
肥美的鲤鱼
肚内填米，淋酒炖煮
上桌时酒香、鱼香
饭香，是名副其实的
酒香鱼米

准备

1. 胚芽米3大匙洗净，泡水30分钟后沥干。

2. 猪骨头放入压力锅中，加水淹过骨头，盖紧锅盖，大火煮至蒸气孔发出鸣声后10分钟熄火。

3. 将鲤鱼刮去鳞片，从腹部纵切一道口子，内脏全部取出，洗净鱼身。

4. 准备一根长45厘米的棉线和牙签6支。

5. 培根肉3片切成0.5厘米立方的小丁，加入葱末、姜末、未炸过的鸡油40克、盐$\frac{1}{2}$茶匙和胡椒粉$\frac{1}{8}$茶匙一起剁碎，和入胚芽米搅匀之后，塞入鱼腹中，八分满即可。用牙签穿过鱼腹开口的两边，每隔3厘米穿插一支，再用棉线交叉缠绕，打结绑住，使开口密合。最后在鱼身上摆上姜丝和葱丝。

6. 将麻油$1\frac{1}{2}$大匙与酱油3大匙调匀。

7. 每个荸荠去皮切成四等份，共切成40块。

制作

1. 在长形的盆中，放入鲤鱼，以1∶1的比例，浇上高汤和白葡萄酒，淹到鱼身的$\frac{2}{3}$为止，盖上盆盖。若是盆子没盖，则以锡箔纸代替，把长盆移入蒸笼内。

2. 在与蒸笼口径同大的锅中，煮滚水$\frac{2}{3}$锅，坐上蒸笼，盖紧笼盖，以中火炖烧1小时30分钟，每隔一段时间，倒入适量的热水，以免锅中的水烧干。炖烧好后，将鱼盛放盘中，浇上调好的麻油与酱油，除去牙签、棉线，即可食用。

3. 炖鱼留下的汤汁倒入锅中，放入荸荠和盐$1\frac{1}{2}$茶匙用中火煮滚2分钟熄火，即可做汤。

要诀

1. 挑选鲤鱼时，以腹大而圆为原则，若是带卵的雌鱼更佳，以便有较大的空间塞放填料。

2. 塞填料时，切勿太紧而饱满，因为里面的米熟了会膨胀，炖熟时会把鱼腹撑开而使填料溢入炖汤中。

3. 蒸熟以后，鲤鱼的腹肌会变得滑嫩易碎，取出牙签时要特别注意，先小心将棉线解开，再将牙签拔出，以免鱼腹破损影响美观。

菊花糯米烧卖

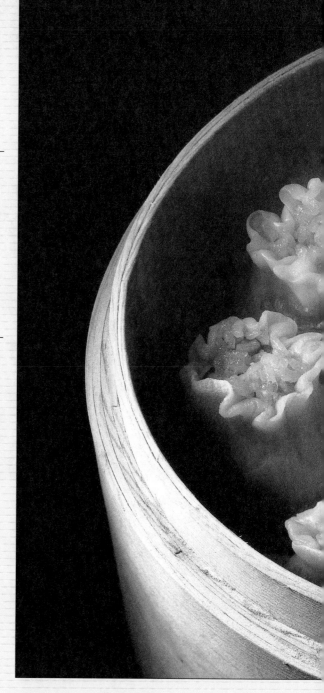

筒仔米糕

成品数量　4个

筒仔米糕
最大的特色，是运用
竹筒特有的清香
使米糕
吃起来一点也不腻
竹筒饭来源甚早
一直到今天
台湾的一些山地原住民
在丰年祭中
仍将用竹筒煮饭
当作最大的享受

材料

圆糯米3杯
猪里脊肉150克
干香菇8朵
虾米80克
带骨鸡胸肉1副
大白菜$\frac{1}{2}$棵约300克
去皮红葱头2瓣，拍碎
去皮老姜4片
葱2根，切3厘米长段
米酒2茶匙

盐2大匙
猪油$\frac{1}{2}$杯
酱油2茶匙
五香粉$\frac{1}{2}$茶匙
胡椒粉$\frac{1}{2}$茶匙
甜辣酱$\frac{1}{2}$杯
芫荽少许

特殊工具

竹筒4个，每个直径4厘米，高8厘米。亦可以大小相近的瓷杯代替。

准备

1. 糯米泡3小时后，洗净沥干。
2. 里脊肉切成长3厘米的肉丝。
3. 香菇、虾米分别浸泡30分钟后沥干。取香菇4朵切丝。
4. 大白菜一片片摘下洗净。
5. 锅中放入水6杯煮滚，下鸡骨、大白菜、未切的香菇4朵、葱、姜、酒2茶匙、盐2大匙，盖锅以小火炖40分钟，熬成高汤备用。

制作

做筒仔米糕用的竹筒

1. 大火烧热炒菜锅，倒入猪油$\frac{1}{2}$杯，油热后，下红葱头、虾米、香菇丝、肉丝爆炒3分钟，并加入酱油2茶匙、五香粉及胡椒粉各$\frac{1}{2}$茶匙，一同炒匀。
2. 将炒好的作料平均分成四等份，铺于4个竹筒的底部，每一竹筒加入八分满的糯米，再注入高汤至全满。
3. 电饭锅中加入水2杯，将竹筒移入电饭锅内，盖紧锅盖，蒸30分钟。开关跳起后，再焖10分钟即可取出。
4. 取一水果刀，略沾水后沿竹筒内缘将饭与竹筒割开，倒扣于盘中，淋上甜辣酱，撒少许洗净的芫荽即可食用。

要诀

1. 竹筒内盛入糯米后，要在桌上轻敲几下，使米粒紧密，蒸好的米糕才不致松散。
2. 传统上是以扁平竹片作为取出米糕的工具，亦

须沾点水才不会粘饭粒。

筒仔米糕

菊花糯米烧卖

成品数量　4笼

材料

中筋面粉3杯
南瓜$\frac{1}{2}$个约230克
菠菜80克
鸡蛋1个

馅料

圆糯米2杯
干冬菇5朵
虾米40克
腊肠40克
金华火腿40克

胡萝卜 $\frac{1}{3}$ 根约40克　　　　米酒 $\frac{1}{2}$ 大匙
腌渍黄萝卜 $\frac{1}{3}$ 根约60克　　盐 $\frac{1}{4}$ 茶匙
葱 $\frac{1}{3}$ 根，切成葱花　　　　鸡精 $\frac{1}{2}$ 茶匙
油 $\frac{1}{2}$ 锅　　　　　　　　酱油1 $\frac{1}{2}$ 茶匙

准备

1. 洗净糯米，加水1 $\frac{1}{2}$ 杯置于电饭锅内，蒸成糯米饭。

2. 虾米、冬菇以温水分别浸泡30分钟。

3. 将虾米、腊肠、火腿、黄萝卜分别切0.3厘米

菊花糯米烧卖制作法

1. 以筷子夹馅，摆入烧卖皮中央。

2. 将皮捏拢，并均匀分配褶边，再以虎口团紧。

3. 拿筷头按压每道褶弯，修整成菊花开展模样。

4. 由烧卖底部斜斜贴附一片菊花叶装饰。

糯米烧卖
为两湖名点
薄薄的面皮包起
软软的糯米
米面配合
自有一番滋味
当人们吃起烧卖
也许会想起：
"两湖熟，天下足"
的谚语，心中兴起
一份悠然之情

古诗云：
"江南可采莲
莲叶何田田"
也唯有江南人
才能用莲的
种子、叶和根——
莲子、荷叶、莲藕
灵活地做出
最美味的餐点
在这里
尝一片冰糖江米莲藕
才知江南饮食的
细润高妙

立方的小丁。胡萝卜去皮、冬菇去蒂后，也切成同样大小的丁块。

4. 炒馅料时，先以大火烧热炒菜锅，倒入油½锅，油热时倾下切成丁块的虾米、腊肠、火腿、胡萝卜、黄萝卜及冬菇，过油翻搅几下，即刻捞出沥去油汁。然后仅留油½大匙在锅中，大火烧热，即放入葱花及酒½大匙爆香，并倒下刚才过油的馅料和糯米饭同炒，再加盐¼茶匙、鸡精½茶匙、酱油1½茶匙，炒匀之后盛出待凉备用。

5. 鸡蛋1个打散。

6. 制作菊花烧卖皮，须先做出代表黄菊花的染料。将南瓜¼个去皮去籽，切成小丁，加水4杯以大火烧煮10分钟至熟烂，捞起放入搅拌机中，加水⅓杯打1分钟，即成金黄色的南瓜泥。将南瓜泥5大匙与打散的鸡蛋½个、面粉1¼杯和匀，以手揉成面团，将碗倒扣其上，以免风干。

7. 在面粉1杯中倒入用剩的½个打散的鸡蛋，加水2大匙一起和匀，揉成淡黄色面团后，也拿碗倒扣其上。

8. 将菠菜去根，放入滚水中烫15秒，立即捞出过冷水后剁碎，倒进搅拌机中，加水¼杯搅打1分钟，即成做菊花叶的绿染料。取菠菜泥2茶匙与面粉¼杯和匀，揉成绿色小团，拿碗倒扣其上。

制作

1. 在桌案上先铺撒少许面粉，以免面团粘桌，然后将黄色与淡黄色的面团分别搓成直径2厘米的圆长条，再摘成1.5厘米的小段，每段用掌心按平，以擀面杖擀成极薄的、直径7.5厘米的圆形烧卖皮。

2. 将绿色面团擀成一大张薄片，用小刀或做小饼干的锯齿滚轮刀，刻出长5厘米的菱形叶子十数张，并用夹子在叶片左右、中央夹出细细的叶脉。

3. 参照图解，在每张烧卖皮的中央，包入糯米菜肉馅心1½大匙，再将皮撮拢，并均匀分配褶边，然后以手的虎口将烧卖皮腰部捏紧，再拿竹筷在烧卖口褶曲的边缘按一按，修整成菊花开展的模样，并在底部斜斜贴附一片菊花叶装饰，略加捏合以免掉落，然后排入垫有湿蒸笼布的蒸笼中。

4. 在炒菜锅中煮滚水½锅，放上蒸笼，盖紧笼盖，以大火蒸5分钟，见烧卖皮透润已熟，即可上桌，趁热食用。

江米莲藕

成品数量　8人份

材料	
圆糯米1杯	老莲藕4节约1500克 冰糖370克

准备

1. 糯米洗净，晾干。

2. 洗净莲藕，用方形竹筷边缘刮去表皮，再把每一节莲藕的其中一头切下厚2.5厘米的一块，作为盖子，再拿筷子通一通藕孔。

制作

1. 将糯米塞进藕孔，边填边在桌上轻敲，使米塞得紧实，直至全部藕孔塞满为止。

2. 把切下的盖子盖上，并插上四五支折成一半的牙签，使其牢固，不致漏出米粒。

3. 莲藕放入锅内，加水淹过莲藕，以大火煮沸，再转小火煮2小时后，放入冰糖370克，继续以小火煮1小时，并常翻动，以免莲藕粘锅。煮至锅内剩下少许浓稠的糖汁即可。若此时汤汁不够浓稠，可以改大火加以收浓。

4. 取出煮好的江米莲藕，抽去牙签，拿下盖子，切厚0.5厘米的薄片，置于盘中，再浇上锅中

江米莲藕制作法

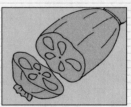

1. 在每节莲藕的一头，切下小块作为盖子。

2. 拿筷子通一通藕孔。

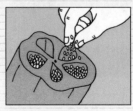

3. 糯米填入藕孔中，填时轻轻敲桌，使米塞实。

4. 盖上盖子，插下几根牙签，将藕盖插牢。

上图为煮熟后的糯米藕，吃时切成如右图的薄片，这时糯米已煮至光莹软糯

的稠糖汁，即可食用。

要诀

1. 莲藕要选粗肥的，藕孔会大一些，容易塞入糯米，也能塞得多些。夏天的藕，因为藕孔很细，不适合用来做这道菜点。

2. 糯米洗净后，若未完全晾干，填入莲藕时会粘在孔缘，不容易塞进去。用圆糯而不用长糯，也是因为长糯不易填塞。

3. 塞糯米时，最好把莲藕在桌面轻敲，使米粒能滑入孔底，塞满藕孔。

传统八宝饭

传统八宝饭

成品数量　8人份

材料

	木瓜丝40克
	莲子10颗
圆糯米3杯	冬瓜糖60克
白砂糖1杯	樱桃7颗
猪油½杯	桂圆肉60克
红豆沙馅100克	**淋料**
青丝40克	白砂糖1杯
红丝40克	淀粉½杯
金橘饼8个	

准备

金橘饼以水浸泡10分钟，洗去外裹的细糖，再用刀横切为两片，去除中间的果核。

制作

1. 糯米洗净，浸泡三四个小时后，沥去水分，加水2½杯，放入电饭锅中，煮成糯米饭，然后和入白糖1杯、猪油½杯拌匀。

2. 取一直径20厘米、高10厘米的大碗，在碗底涂一层猪油，将蜜饯依喜好排成图案，铺满碗底。用一半的糯米饭盖满蜜饯，铺上一层红豆沙馅，再将剩下的糯米饭盖满，放进蒸笼，以沸水大火蒸30分钟后取出。

3. 待其稍冷后，取一比碗稍大的盘子，扣在碗上，翻转过来，饭便倒扣在盘子上。

4. 在锅中煮滚水2杯，放入白糖以小火煮化后，徐徐倾入和水的淀粉，至微稠状时盛起，浇淋在盘中的八宝饭上。

要诀

在大碗中先涂一层油，可使八宝饭易于扣出，不致弄乱图案。

水果八宝饭

成品数量　6人份

材料

	什锦水果罐头1罐，850克装
圆糯米2杯	**淋料**
油4大匙	罐头水果原糖汁1½杯
白砂糖1杯	白砂糖2大匙
红豆沙馅230克	淀粉1大匙

准备

1. 罐头水果沥出糖汁。

2. 将淀粉1大匙与水½杯调匀成水淀粉。

制作

1. 圆糯米在滚水中煮至微微胀大，约五分熟，沥干，以油3½大匙及白砂糖1杯拌和均匀。

米食甜点中
最老少咸宜、广受
大众欢迎的
就要算八宝饭了
学会做八宝饭的
基本方法后，大可
发挥你的想象力
和美术才能
做出各式各样
花色翻新的八宝饭
用来庆祝寿诞、喜庆
比蛋糕
更富人情和滋味

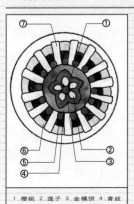

八宝饭的装饰

我们通常见到的甜蜜好吃的八宝饭，不外是由下列几种色泽鲜明的蜜饯，如青丝、红丝、木瓜丝、莲子、桂圆肉、冬瓜糖、樱桃及红豆沙馅来搭配装饰的。

其实八宝饭上的装饰材料，并不一定局限为8样，而且任何蜜饯、干果、新鲜水果，不论是东方的，还是西方的，都可用来作为装饰材料。甚至更简便，只要开一罐什锦罐头，糖汁留着作为勾芡的甜汤淋料，水果则铺满在八宝饭上，同样能达到装饰的效果。

至于八宝饭上的图案设

1.樱桃 2.莲子 3.金橘饼 4.青丝
5.桂圆肉 6.木瓜丝 7.糖冬瓜

左图为新式的水果八宝饭

1.青丝 2.樱桃 3.葡萄干
4.金橘饼 5.绿樱桃 6.红丝

计，也不必一成不变，比如在生日寿诞请客时，可以在八宝饭的上面铺出一个寿桃图案，上面再用细长的蜜饯，排出有"生日快乐"或"寿"字字样的八宝饭，这样一来，不但亲切且又意义深长。此外平日里，孩子不爱吃饭的时候，也可做一道八宝饭，上面排出一个可爱的娃娃笑脸或卡通人物、风景图样等等，引动孩子的食欲。

上面我们介绍的几种八宝饭，只是提供一点设计观念；实际上任何吉祥、美丽的图案都可拿来应用。只要稍用慧心巧思，你就能成为一个有情有趣的米食艺术家！

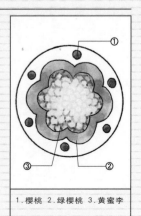

1.樱桃 2.绿樱桃 3.黄蜜李

糯米肠

猪肠被许多国家的人
用来做香肠
但只有中国人
用它来灌米
坐在街头摊子上
来一盘
热腾腾的糯米肠
是小市民的最大享受

2. 取直径25厘米、高7厘米的大碗，在碗底涂一层油后，将什锦水果均匀铺满碗底，再用一半的饭盖在水果上，铺上一层红豆沙馅，再把剩下的饭均匀地盖在上面，放进蒸笼以滚水大火蒸1小时。

3. 取比碗稍大的盘子，扣在蒸好的饭上，翻转过来，使饭倒扣在盘子上。

4. 将水果糖汁与水½杯一起烧开，加糖2大匙，并徐徐倾入调和过的水淀粉，直至呈微稠状即停，再盛起浇淋在盘中的八宝饭上。

要诀

在大碗中先涂上一层油，可使八宝饭易于扣入盘中。

应用

除了什锦水果罐头，亦可选耐蒸的水果做八宝饭，新鲜的菠萝、桃、木瓜、苹果、香瓜、梨、樱桃、金橘、杨桃皆宜。

糯米肠

成品数量　　4人份

材料

圆糯米2杯
猪肠3条约370克
花生¼杯
虾米¼杯
红葱头10瓣，切成薄片
面粉2大匙

盐2½大匙
醋1大匙
鸡精1茶匙
糖1茶匙
酱油1大匙
胡椒粉1茶匙

五香粉1茶匙
麻油2茶匙
油3大匙

蘸料

蒜末酱油¼杯
辣椒酱¼杯

准备

1. 糯米洗净，与花生分别浸水一夜。

2. 用一把小剪刀仔细剪除附在猪肠上的肥油后，放盐1大匙、醋½大匙搓洗肠子。取一根筷子将肠子内面翻出，再加盐1大匙、醋½大匙和面粉2大匙连续搓揉去脏，搓洗时须注意不要弄破肠衣。以清水彻底洗净后，再翻面冲洗至肠子不觉油腻粘手，捞起放大碗中，加麻油1茶匙去腥。

3. 虾米以温水浸泡30分钟至软。

制作

1. 炒菜锅用中火烧热油3大匙，爆香红葱头后，放虾米、花生拌炒。再将糯米沥去水分倒入，加水1杯、盐1½大匙、酱油1大匙及鸡精、胡椒粉、五香粉、糖、麻油各1茶匙调味，不断翻炒5分钟至糯米半熟，即可盛起置旁待冷。

2. 肠子一端取细绳绑紧，另一端拿汤匙半塞进肠口，再用筷子将糯米慢慢灌入，至七八分满即止。灌好后，每隔10厘米以细绳绑好成一节，每条肠子可做4~5节糯米肠。

3. 在与蒸笼口径同大的锅中，大火煮滚水½锅，坐上蒸笼，放入糯米肠，盖上笼盖蒸50分钟即可取出。稍冷后切片蘸蒜末、酱油和辣椒酱吃。

要诀

1. 灌糯米肠时，不可灌得太满，每节需留一二分空间，以免糯米煮熟后涨大撑破肠衣。

2. 糯米肠若用煮的方式，只需40分钟即熟，但是肠衣容易煮破。

应用

这道米点亦可用猪大肠来做。上桌前可再下锅油炸，切片蘸蒜末酱油或辣酱吃，更增美味。

桂花金子糕

成品数量　4人份

材料

圆糯米3杯

红豆沙馅⅔杯
白砂糖½杯
半圆形豆腐皮6张

桂花酱⅓茶匙　　　　　　油6大匙

准备

1. 糯米洗净沥干，放入一个耐高温的大碗中，加水1¼杯浸泡3小时。

2. 取豆腐皮两张，对折后裁开，与另外四张均置一旁备用。

制作

1. 炒菜锅中加水⅔锅，上面放蒸笼，再把盛米的大碗放进，盖紧笼盖，以大火烧沸水，改中火蒸40分钟即可取出，再倒入白砂糖½杯和桂花酱⅓茶匙，趁热拌匀后待冷。

2. 拿一张豆腐皮放砧板上，用水略微濡湿后，上面再重叠半张豆腐皮，也沾水弄湿。取一支饭勺舀起拌好的糯米饭，平摊在豆腐皮中间，铺成一长18厘米、宽4厘米、厚0.7厘米的长方形米条，次铺一层红豆沙馅，再铺上米饭，以饭勺略微压整修齐后，卷起来切成两段。其余亦以同样方法做好。

桂花金子糕

3. 在平底锅内放入油3大匙，小火烧热后，放下做好的豆腐皮饭卷，每次4~6段。不时翻面煎至两面均呈金黄色，再铲起放在筛网上滤去油分。

4. 将煎好的豆腐皮饭卷，每段分切三四块，以浅盘盛起趁热供食。

要诀

1. 豆腐皮容易破裂，所以最好重叠两层来包卷。另外铺糯米饭时，饭勺要随时沾水，以免糯米粘勺。

2. 下锅油炸要用极小火，否则表皮容易煎焦。

应用

这道甜点，内馅可随个人喜好，改用花生粉、枣泥等馅。

鸡血糕

成品数量　2人份

材料

圆糯米1杯
鸡血100克，取自1只重约
3600克连毛的鸡

蘸料

花生粉3大匙
绵糖1大匙
酱油$\frac{1}{2}$杯
甜辣酱$\frac{1}{4}$杯
芫荽少许

准备

1. 将未洗过的圆糯米倒入一直径15厘米的浅盘铺平。把一只现宰活鸡的新鲜鸡血拌入米中，用筷子搅拌均匀，使米粒充分沾裹鸡血后，略微压平表面，置旁待凝固。

2. 花生粉3大匙和绵糖1大匙拌匀。

3. 芫荽去根，洗净。

制作

在一个与蒸笼口径同大的深锅中，注入水$\frac{2}{3}$锅，放上蒸笼，大火烧沸后，把装有糯米鸡血的盘子放入，盖紧笼盖，大火蒸40分钟熄火，焖一会儿后取出切块，蘸酱油、甜辣酱、花生糖粉和芫荽吃，浓淡可随个人口味调配。

要诀

糯米最好用现季收割的圆糯米，吸收性强且较有韧性。

应用

鸡血糕也可切片炒芹菜、韭菜，或放入鸡汤里煮，更为可口。

猪血糕

以糯米600克加猪血370克，做法同鸡血糕，即可蒸出猪血糕来，同时可在猪血中酌加少许胡椒粉、五香粉去腥。

中国人习性俭约
也因为节俭
发展出
奇妙而美味的食品
像鸡血糕
便是在杀鸡时
以碗盛白米来吸收
鸡血，蒸出了
好吃的鸡血糕

鸡血糕

南瓜糯米饭

南瓜糯米饭

成品数量　4人份

材料	
	白砂糖⅔杯
	红豆沙馅40克
圆糯米1⅓杯	广东生菜1棵
南瓜1个约600克	油少许

准备

1. 糯米洗好，加水盖过米面1.5厘米，浸泡3小时左右。
2. 南瓜冲洗干净后，对半切开去籽，一半去皮，切2厘米立方的小块，另一半则直切成5长条。
3. 红豆沙馅捏成一个小团。
4. 生菜洗净，剥下叶子备用。

制作

1. 把糯米连浸米的水一起放入电饭锅中，米上先放南瓜块，再放南瓜条。蒸熟后，打开锅盖，取出长条南瓜，再倒入白砂糖⅔杯搅拌均匀，继续蒸至开关跳起即可。
2. 取一直径约15厘米的大口深碗，涂抹少许油后，将蒸好的南瓜糯米饭舀入，用大汤勺背面略微按压紧密。待稍冷，再拿一把小刀沿边缘划割，并将一个比碗口稍大的浅盘倒扣其上，将盘碗翻转过来，即扣出一完整的碗形南瓜糯米饭。
3. 最后把南瓜条一条条按在米面上，顶上放红豆沙团，周围环饰以生菜叶即可上桌。

要诀

蒸南瓜糯米饭时，水不可放太多，以免蒸出来的饭过软，不易成形。另外，喜吃甜食者，可酌量增加糖的分量。

海鲜糙米沙拉

呈浓稠乳脂状，改低速，徐徐淋下橄榄油$\frac{3}{4}$杯搅打30秒，再加进柠檬汁3大匙、番茄酱$\frac{3}{4}$茶匙、辣椒末$\frac{1}{3}$茶匙、芥末粉$\frac{1}{3}$茶匙、盐$\frac{1}{2}$茶匙、白胡椒粉$\frac{1}{4}$茶匙，搅打10秒钟调成沙拉酱。

3.拌匀沙拉与糙米饭，摆在盘中。取出虾仁在米面及周围装饰，盘缘铺排一圈小黄瓜。沙拉酱另置一旁，不和进沙拉里，专为蘸虾仁所用。

应用

也可用蟹肉、明虾、墨鱼、牡蛎等海鲜代替虾仁。

糙米布丁

成品数量　8人份

材料	淋料
	奶油$\frac{3}{4}$杯
糙米1$\frac{1}{2}$杯	糖1杯
鸡蛋6个	鸡蛋2个
牛奶4杯	白葡萄酒$\frac{3}{8}$杯
黄砂糖1$\frac{1}{2}$杯	柠檬皮末$\frac{1}{4}$大匙
奶油3大匙	**特殊工具**
盐$\frac{1}{8}$茶匙	铝制波浪环状模型1个，直
香草片5片	径20厘米，深8厘米
葡萄干$\frac{1}{2}$杯	

准备

1.糙米洗净，泡5小时后，捞起沥干，加水2$\frac{1}{4}$杯

海鲜糙米沙拉

炎夏之际
胃口比较差
这时节
做一盘海鲜糙米沙拉
式样清爽
既营养又微带醋香
令人胃口大开

成品数量　8人份

材料	盐1$\frac{1}{2}$茶匙
	黑胡椒粉少许
冷糙米饭2$\frac{1}{2}$碗	**酱料**
沙虾1200克	鸡蛋2个
新鲜的玉米粒200克	橄榄油$\frac{3}{4}$杯
番茄2个约370克	柠檬汁3大匙
小黄瓜4条约230克	番茄酱$\frac{3}{4}$茶匙
美国芹菜1株	红辣椒末$\frac{1}{3}$茶匙
洋菇80克	芥末粉$\frac{1}{3}$茶匙
橄榄油2大匙	盐$\frac{1}{2}$茶匙
白醋2$\frac{1}{2}$大匙	白胡椒粉$\frac{1}{4}$茶匙
红辣椒末$\frac{1}{4}$茶匙	

准备

1.沙虾漂洗3次洗净，投入滚水烫煮20秒即熟。捞起过凉，摘头去壳成虾仁，放入冰箱冷藏。

2.番茄去蒂，底部划一十字痕，投进滚水烫1分钟，取出去皮，切成4瓣，刮去籽后，再切成细丁，略斩碎。芹菜取其中两根将梗切成细花。洋菇去蒂对切。小黄瓜切成薄片。

制作

1.锅中煮滚水3杯，倒入玉米粒，边煮边搅，3分钟后捞起沥干，盛入大碗中，拌下番茄丁、芹菜、洋菇、半数的小黄瓜、醋2$\frac{1}{2}$大匙、橄榄油2大匙、辣椒末$\frac{1}{4}$茶匙、盐$\frac{1}{2}$茶匙、黑胡椒粉少许，和匀后腌浸1小时，做成沙拉。

2.分开鸡蛋1个的蛋清、蛋黄，取蛋黄放入搅拌机中，另外再加进鸡蛋1个，高速搅打至蛋液

放入电饭锅中，煮成糙米饭。

2. 香草片以擀面杖碾碎成粉末。

制作

1. 大锅装水$\frac{1}{2}$锅，以大火烧滚，水上放一个小锅。将牛奶$1\frac{1}{2}$杯、糖2大匙、奶油$\frac{1}{2}$大匙、盐$\frac{1}{8}$茶匙和2片量的香草粉末一起倒进小锅中，转中火煮5分钟，待糖与奶油溶化后，再加入糙米饭搅散。盖上小锅盖，改小火加热，使锅内的水徐徐沸腾，煮30～40分钟，视牛奶快要收干即捞起用筛网滤去多余水分。

2. 大碗里放入打散的鸡蛋6个、牛奶$2\frac{1}{2}$杯、糖$\frac{2}{3}$杯、奶油$1\frac{1}{2}$大匙、盐$\frac{1}{4}$茶匙和剩下的香草粉末，混合搅匀后，再拌入糙米饭和葡萄干$\frac{1}{3}$杯。

3. 黄砂糖$\frac{1}{2}$杯加水1杯放入锅中，以小火煮10分钟，熬成黏稠的深褐色糖浆。

4. 在模型底面及四边仔细地涂抹一层奶油后，将熬好的糖浆倒入底部铺匀，待稍微冷凝后，再把糙米混合料用汤勺舀进模型内。

5. 烤箱以180摄氏度先加热10分钟。烤盘中放烤架，再注入沸水1杯，至恰好淹过烤架，续将装有米料的模型摆上去，烤40～50分钟。取一根竹筷插入布丁中，若不粘筷就表

示好了。

6. 将模型拿出，置于冷水中散热一下，再用极薄的水果刀或竹片，沿边缘小心地插入，分开布丁和模型。再把一个大盘倒扣在模型上，然后抓紧盘子和模型，迅速翻转过来，稍微用力敲扣一下，糙米布丁就可以完整扣出。

7. 淋料中的奶油$\frac{2}{3}$杯和糖1杯用打蛋器先搅和，再加鸡蛋2个一起打匀，倒入葡萄酒$\frac{3}{4}$杯及柠檬皮末$\frac{1}{2}$大匙拌好，浇在布丁上，即可供食。若要冰凉了吃，可把布丁用锡箔纸盖好，放入冰箱中，食用时，再浇上淋料。

要诀

1. 模型内的奶油要抹匀，且不可涂得太少。其次在模型底部铺一层浓糖浆，均有助于顺利扣出布丁。

2. 把米料舀进模型时，米的分布要均匀，否则将布丁倒出来时容易断裂。

3. 烤盘里加烤架，再注加沸水淹过烤架，都是为了避免布丁直接受热，使布丁模型下层浸在水中，而不致将底层的糖浆烤焦。

应用

如果家中没有烤箱，可用蒸笼隔水来蒸，以大火烧沸水后，改中火蒸20分钟即成。

做布丁用的
铝制波浪环状模型

糙米布丁

孩子们都爱吃布丁
然而吃来吃去
全都是西式布丁
总得换个花样才好
试试糙米布丁吧
做好了
放在冰箱里
孩子放学回家
打开冰箱
一定会乐得大叫

粥类

煮饭多加水，便成了粥。《古史考》记载："黄帝始蒸谷为饭，烹谷为粥。"《说文解字》也有"黄帝初教作糜"之说，由此可见中国人食粥的历史源远流长。

俗话说："老人吃粥，多福多寿。"所以，粥最适宜年老体虚者食用。诗人陆游还作有一首《食粥》诗："世人个个学长年，不悟长年在目前。我得宛丘平易法，只将食粥致神仙。"

在我国各地粥点中，以广东粥的名气最大。常言道："提到粥，就是广州。"广东吃粥非常讲究，有"渌粥""煲粥"的分别。渌粥的做法是先煮一锅细润的粥底，然后把新鲜鱼虾、蔬菜平铺碗底，倒入滚烫的粥将其烫熟，以求充分保持菜肴的鲜度。煲粥则是把宜于熬煮的材料和生米一块儿慢熬，使材料和米的味道完全交融无间。

从最日常的清粥小菜，到精致的宴席粥品，中国人的生活离不开粥。如果能学会把一锅粥煮得更香润，将为生活平添更多情趣。

白粥

成品数量　6人份

材料

粳米¾杯　　　　　糯米½杯

准备

粳米、糯米分别洗净，泡3小时，再沥干备用。

制作

用锅装粳米和水8杯，以大火煮沸，然后改小火，用勺子舀掉水面的泡沫，再转回大火。如此重复3～5次后，把糯米也加下，等水再度沸腾，就转中火，舀去面上的泡沫，盖上锅盖，继续熬20分钟即可。

要诀

熬粥时，若非必要，最好不要掀开锅盖，或随意翻搅。

去味糙米粥

成品数量　4人份

材料

糙米1杯

鸡腿1只约370克

鸡胸骨1副

葱1根

姜2片

麻油½茶匙

盐1茶匙

鸡精¼茶匙

酱油2大匙

准备

1. 鸡腿去骨，切1.5厘米立方的丁块，加酱油2大匙腌2小时。
2. 将鸡骨头用清水冲洗干净，放入锅中，加水20杯、葱1根、姜2片，盖上锅盖，大火烧滚后，改小火煮3小时，熬成高汤。

制作

1. 糙米直接放炒菜锅中，加麻油½茶匙，以中火翻炒2分钟后，用清水洗净沥干。
2. 另备一锅盛放高汤10杯，将糙米倒入，盖上锅盖，开大火烧滚后，倒进沥去腌汁的鸡肉丁，再改小火熬煮2小时即可。起锅前，加盐1茶匙、鸡精¼茶匙调味。

要诀

糙米煮粥前，先用麻油炒过，可去渣滓，且增加香味。

应用

去味糙米粥也可用猪小排骨、肉末等取代鸡肉熬粥，唯分量不可放多，以免遮过糙米原味。

粥是中国人自古以来最钟爱的食品
由于米汁
易吸收各种滋味
热度又足以烫熟菜肴
因此产生了
千变万化的粥品世界
其实
万变不离其宗
我们就从煮白粥开始
一起来学习
容易做又受人喜爱的各种粥吧

左图为烧滚水后，再倒入泡过的米煮粥，这是使米不粘锅底的最好煮粥法

上图两种去味糙米粥，下方一碗是加排骨熬成，上方一碗是加鸡肉熬成

“提到粥，就是广州”
广式稀饭以同样粥底
加上不同的
鱼、虾、肉类
做成各色精致的
广东名粥
这类“渌粥”的做法
既讨巧又讨好
大可用来招待亲友
成为别致的粥宴

广东粥粥底

成品数量　4人份

材料

粳米$\frac{1}{2}$杯
猪肋骨300克
干贝20克
葱1根，切5厘米长段
去皮嫩姜2片
盐$\frac{1}{2}$大匙
鸡精$\frac{1}{4}$茶匙
米酒1大匙

准备

1.米洗净，浸泡3小时。
2.把猪肋骨放入水$\frac{1}{2}$锅中，以大火煮沸后倒掉水，重加入清水15杯、葱、姜和酒1大匙，盖上锅盖，以大火煮沸，再转中火熬1小时，然后用漏勺沥出高汤备用。
3.干贝用热水泡5分钟。

制作

取高汤10杯放入锅中，把干贝和米沥起加进，以中火煮1小时，再加盐$\frac{1}{2}$大匙、鸡精$\frac{1}{4}$茶匙，继续熬30分钟后，即成做各种广东“渌粥”的粥底。煮时需要盖锅，若水会溢出，则掀开锅盖一角。

鱼生粥

成品数量　4人份

材料

广东粥粥底4人份
草鱼中段1块约600克
葱1根，切成细丝
姜6片，切成细丝
老油条1根，切3厘米长段
芫荽少许

拌料

淡色酱油2大匙
熟油4大匙
麻油1茶匙
米酒1大匙
胡椒粉$\frac{1}{8}$茶匙

准备

1.草鱼去鳞洗净，用毛巾擦干，参照图解去骨刺，切成两块，然后再切成极薄的薄片。接着放入全部拌料拌匀备用，切记不可放太久，以免鱼肉变老。
2.芫荽去茎，洗净。

制作

1.粥底煮好。
2.将切得极薄的鱼片平铺碗底，撒上葱姜丝。
3.倒入滚烫的粥，将鱼片烫熟即可。依个人口味在粥上置老油条段和芫荽，趁热而食。

要诀

1.草鱼洗净，要用毛巾拭干，才不会有腥气。
2.鱼生粥的精华在于鱼肉软嫩，入口即化，故而以粥烫鱼。现代人为健康考虑，担心鱼片不能完全烫熟，因而会在粥底煮好后，将鱼片、葱姜丝放入粥内以中火续煮5秒。只要时间、火候掌握得当，一样能煮出鲜嫩的鱼生粥。

鱼生粥片鱼法

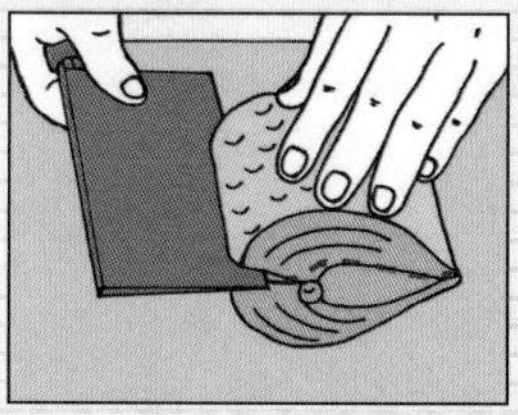

1.将刀横卧，自鱼背鳍上方切入。

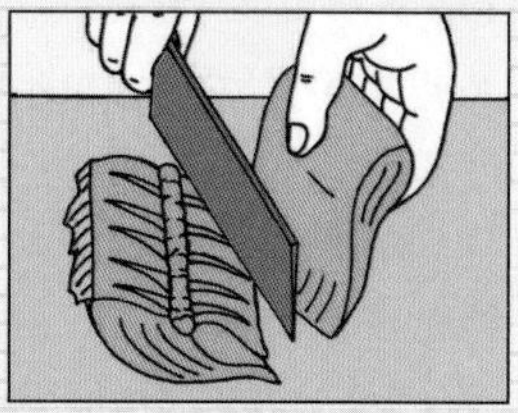

2.再顺着大骨走向，将两侧鱼肉分别割下。

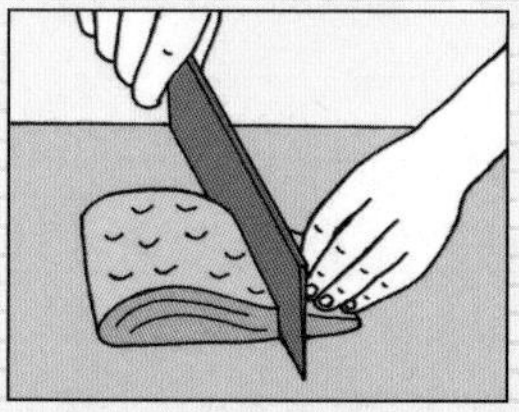

3.将肉太薄的鱼肚切下。

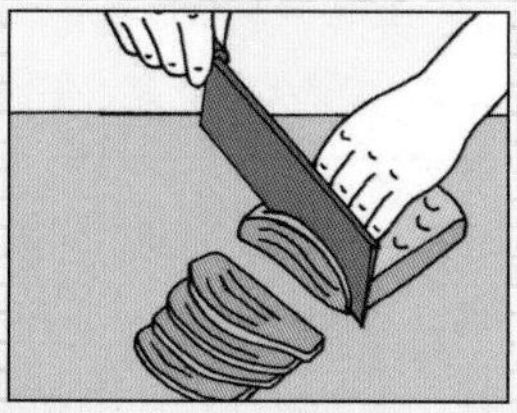

4.鱼肉去刺，再用刀切成极薄的薄片。

状元及第粥

成品数量　4人份

材料

广东粥粥底4人份
猪里脊肉80克
干香菇1朵
猪肚$\frac{1}{4}$个
猪腰$\frac{1}{2}$个
猪肝150克
草鱼中段1块约300克
葱1根，切成细丝
姜6片，切成细丝
老油条1根，切3厘米长段
芫荽少许
熟油1大匙

拌料1

鸡蛋$\frac{1}{2}$个
盐$\frac{1}{2}$茶匙
鸡精$\frac{1}{2}$茶匙
淡色酱油1大匙
熟油$\frac{1}{2}$茶匙
麻油$\frac{1}{2}$茶匙
淀粉1大匙
胡椒粉少许

拌料2

熟油1大匙
淡色酱油1大匙
麻油$\frac{1}{4}$茶匙
淀粉1茶匙
米酒$\frac{1}{4}$茶匙
鸡精$\frac{1}{4}$茶匙
胡椒粉少许

准备

1.猪肉剁碎，香菇以温水泡30分钟后挤去水分，去蒂切碎。把肉、香菇加拌料1拌匀，稍微在碗里摔打几下，然后捏成一个个直径2厘米的丸子。
2.猪肚洗净，去脂肪和污物，放进滚水中以大火煮5分钟，除去腥味。取出用冷水略冲后，拿小刀刮掉外衣，再换水煮10分钟，取出冲水。熬粥底时，把猪肚放入一起煮1小时，然后取出，切成宽1厘米的长条。
3.把猪腰$\frac{1}{2}$个的里层红色、白色的组织完全清除

右图下方为状元及第粥和各色材料，中间为鱼生粥及其材料，上方为做成这两种粥的粥底

广东粥底的做法
与其他地方有所不同
特色在于水分多
熬煮的时间也久
所以米粒几乎
完全溶化在粥水里
吃在嘴里，柔润易溶
如此粥底
配上鲜嫩的菜肴
香辛的配料
滋味非凡！

干净。斜拿菜刀，在外部纵向划3刀，然后翻过面，横向每隔1.5厘米切下一片。为了去怪味，把腰片洗净后，用热水略烫过，再泡水30分钟。

4. 猪肝切成厚0.5厘米的薄片，再加拌料2拌匀。

5. 草鱼参照102页鱼生粥片鱼法图解去骨和刺后，切成极薄的薄片。

6. 芫荽去茎，洗净。

制作

粥底煮好，把猪肚、肉丸、葱姜丝和熟油1大匙放入，继续用中火煮5分钟，再放猪肝煮1分钟，然后加腰片和鱼片，略煮两三秒即起锅盛入碗中。依个人口味在粥上置少许老油条段和芫荽就可以趁热吃了。

鲍鱼鸡丝粥

成品数量　4人份

材料

广东粥粥底4人份	带骨鸡胸肉450克
鲍鱼罐头1个，450克装	老油条1根，切3厘米长段
	芫荽少许
	熟油1大匙

准备

1. 煮粥底时，把带骨鸡胸肉和鲍鱼罐头的一半汤汁放入一起煮，45分钟后捞起鸡胸，去掉骨头，把肉切成宽0.3厘米的细丝。

2. 将罐头中的鲍鱼取出$\frac{1}{2}$，先切成厚0.3厘米的薄片，再切成宽0.3厘米的细丝。

3. 芫荽去茎，洗净。

制作

粥底煮好，放入鸡丝，用中火煮30秒后，放下鲍鱼丝和熟油1大匙，续煮30秒即可盛入碗中，再依个人口味在粥上置少许老油条段和芫荽，就可以吃了。

生菜碎牛粥

成品数量　4人份

材料

	拌料
	鸡蛋1个
广东粥粥底4人份	淀粉1大匙
牛肉230克	盐$\frac{1}{4}$茶匙
嫩生菜叶150克，以广东生菜为佳	淡色酱油1大匙
	熟油2大匙
老油条1根，切3厘米长段	鸡精$\frac{1}{4}$茶匙
熟油$\frac{1}{4}$茶匙	麻油$\frac{1}{2}$茶匙
	胡椒粉少许

下图的左下方为生菜碎牛粥，右下方为皮蛋瘦肉粥，上方为鲍鱼鸡丝粥

准备

1. 牛肉剁得极碎，加入全部拌料拌匀备用。

2. 生菜叶洗净切成细丝。

制作

1. 粥底煮好。

2. 把碎牛肉、生菜丝加入搅散，再加熟油$\frac{1}{4}$茶匙，用中火煮2分钟即可盛入碗中，再依个人口味在粥上置少许老油条段，就可以吃了。

要诀

机绞牛肉末没有韧性，最好是买回牛肉自己剁碎。

皮蛋瘦肉粥

成品数量　4人份

材料

广东粥粥底4人份
猪里脊肉230克

皮蛋4个
老油条1根，切3厘米长段
芫荽少许

2．皮蛋剥壳后，每个切12块。

3．芫荽去茎，洗净。

准备

1．煮粥底时，把里脊肉整块放入，煮45分钟后捞起，切成1.5厘米见方、厚0.2厘米的肉片。

制作

粥底煮好，加进皮蛋和肉片，继续用中火煮10分钟即可盛入碗内，上置老油条段和洗净的芫荽，就可食用。

要诀

为防皮蛋中含铅，在购买时应选蛋壳完整，且壳上没有黑点的皮蛋。另外还可敲敲蛋壳，感觉里面微晃，才是泡透的。

腊八粥

成品数量　4人份

材料	
	去芯莲子20颗
	高粱1大匙
糯米1杯，圆糯、长糯皆可	红枣5颗
小红豆2大匙	黑枣5颗
大红豆2大匙	桂圆干40克
绿豆2大匙	黄砂糖6大匙

准备

1. 小红豆、大红豆、绿豆、莲子全部洗净，泡5小时。
2. 糯米、高粱洗净，泡1小时。
3. 红枣、黑枣用温水泡30分钟。

制作

1. 小红豆、大红豆、绿豆、莲子和高粱放入锅中，加水10杯，盖上锅盖，以大火煮沸，转中火熬30分钟后，把糯米、红枣、黑枣、桂圆干放入。
2. 过30分钟，再放黄糖6大匙，继续熬5分钟即可熄火盛出，趁热食用。在熬煮过程中，最好盖上锅盖，若水会沸溢出来，可掀开锅盖一角。

要诀

熬煮时，每隔5分钟要翻搅一次，免得各料沉底粘锅，容易烧焦。

应用

腊八粥的材料不固定，可以在各种谷类、豆类、干果类中任选几样，也并不一定要8种。而且，其中豆类和干果类的任一种都可单独加米煮成粥，如下列3种：

红豆粥

红豆容易上火，所以通常冬天才吃。分量比例是：若糯米1杯，红豆需⅓杯，水则需10杯。做法请参考腊八粥，煮好后依个人口味以砂糖调味。

桂圆粥

桂圆是冬天进补食品，煮粥多半选用糯米。差不多糯米1杯，要加水8杯、桂圆干80克，煮30分钟后，以少许砂糖调味即可。

冰糖莲子粥

水8杯、莲子1杯和粳米1杯，煮40～50分钟后，加冰糖调味。夏天将此粥冰后再吃，既开胃又清火。

冰棒

腊八粥系列的粥都可以倒在冰棒模型中，放进冰箱冷冻室，做成冰棒，是夏日里既可口又营养的零食。

右图为腊八粥和以腊八粥系列的粥做成的各种冰棒

明火白粥

明火白粥

成品数量　4人份

材料	
	豆腐皮2片
	新鲜带壳白果40颗
粳米½杯	

准备

1. 米洗净，泡3小时。
2. 豆腐皮切成细丝。
3. 白果去壳，用热水泡10分钟后剥去果衣，并用折断尖头的牙签通出苦心。

制作

在锅中放水10杯，以大火煮沸，再把米、豆腐皮丝和白果放下，等水再度滚沸，就转中火熬。为防止材料粘锅烧焦，每隔5分钟要翻搅一次。1小时后，米和豆腐皮丝完全化开，白果也软化，就可盛出趁热食用。

要诀

如果买不到新鲜白果，也可以用干的，但在煮粥前，须先煮30分钟，至白果像新鲜的一般浑圆，再取出备用。

应用

明火白粥是广东人的家常早点，通常是配油条或小菜来吃。若是单独吃，可以加糖或盐调味。

腊月初八
相传是
佛陀得道的日子
这天吃腊八粥的习俗
原由印度传来
久而久之
竟成为
深入中国民间的风俗
这一天，人们
以各色干果煮出
芬芳的腊八粥
吃不完的
腊八粥，可以做
滋味极佳的冰棒
此外
各种糯米甜粥
都是
做冰棒的好材料

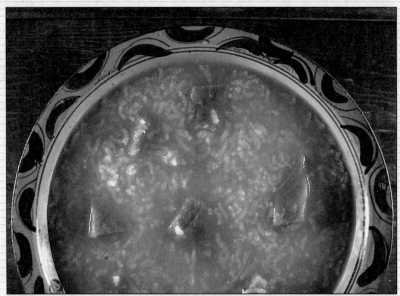
番薯粥

番薯粥

成品数量　4人份

番薯，学名甘薯
各地叫法不一
红薯粥，白薯粥
地瓜粥
都是用甘薯做成的
美味粥
而且含有丰富的
食物性纤维
民谚有云：
"一斤甘薯三斤屎"
正是百姓贴切的
生活保健经验

材料	红心番薯1个约300克
粳米1杯	

准备

1．粳米洗净，浸泡3小时，沥干备用。

2．番薯去皮，切成长宽约3厘米的不规则小块。

制作

将水12杯倒入锅中，以大火煮沸后，放入米和番薯，盖上锅盖。等水再沸腾时，改中火，继续熬30分钟即可。

要诀

长条形番薯较甜、绵，而红心番薯色泽金黄，更能引动食欲。

应用

番薯粥若当作早餐、夜宵，可配以三数样小菜。若当作点心，则可依个人口味，在粥中加适量的糖。

台式咸粥

成品数量　4人份

材料	干香菇2朵
	卷心菜2大片
粳米1杯	牡蛎干6个
虾米1大匙	葱1根，切4厘米长段
槟榔芋½个约100克	油2大匙
猪肉40克	酱油2大匙
笋1支约150克	盐1大匙
豆干皮3片	

准备

1．米洗净，浸泡3小时。

2．虾米、香菇分别以温水浸泡30分钟后，香菇去蒂，切成细丝。

3．芋头去皮，用水冲净，切2厘米立方的丁块。

4．把肉切成长3厘米的细丝。笋去壳后，也切成长5厘米的细丝。豆干皮用水冲过，同样切成细丝。

5．卷心菜洗净，切成长7厘米、宽3厘米的长块。

6．牡蛎干每个对切成两半。

制作

开大火烧热炒菜锅，倒入油2大匙。油热后，放葱和虾米爆香。接着放芋头块，炒至边缘略焦，再放肉丝、笋丝、豆干皮丝、香菇丝、卷心菜和牡蛎干。略炒后，加酱油2大匙，炒3～5分钟至各料香味皆溢出。最后倒入水10杯和粳米1杯，盖锅改中火熬煮30分钟，加盐1大匙，继续熬5分钟即可。

要诀

芋头一定要早放下锅炒，使香味透入，且炒的时间若长些，加水熬时较不易糊烂。

应用

咸粥原无固定的材料，像耐熬煮的白菜、韭菜、芹菜、木耳等皆可替代。

芋头海鲜粥

成品数量　4人份

材料	油2大匙
	盐2茶匙
粳米1杯	鸡精½茶匙
芋头1个约250克	**腌料1**
虾200克	米酒1茶匙
花枝1个约200克	盐½茶匙
海参1条约150克	鸡精½茶匙
猪肉80克	**腌料2**
芹菜1株	酱油½茶匙
葱1根，切5厘米长段	淀粉½茶匙

准备

1．米洗净，泡3小时。

2．芋头去皮，切成3厘米立方的角块。

3．虾去头去壳，挑掉肠泥，加入腌料1拌匀，腌10分钟。

4．花枝去头只取身体，再剥除外膜和体内的船形骨，先切成4长片，再在各片上以斜锋每隔0.5厘米纵向划一刀，约五分深，然后每隔1厘米横切成条状。

5．海参去掉内部组织，切成长3厘米、宽0.8厘米的条状。

6. 猪肉切成长3厘米的细丝,加入腌料2拌匀,
   腌10分钟。

7. 大火烧热炒菜锅中油2大匙,放葱段略爆香,
   即放肉快炒数下,见肉变色即起锅。

8. 芹菜去叶,切成细末。

制作

1. 将水9杯和浸泡过的米1杯放入锅中,开大火
   煮沸后,放下芋头。等水再度滚沸,就改中火
   盖锅熬20分钟,这段时间内,每隔5分钟要搅
   拌一次,以免粘锅。

2. 接着放肉丝,煮1分钟后,再放花枝和海参,
   并把虾一只一只放入。最后加入盐2茶匙、鸡精
   ½茶匙,继续熬5分钟即熄火。

3. 把芹菜末和进煮好的粥内提香,就可以盛出来
   吃了。

应用

芋头粥

这是南方人经常吃的粥,粥中不放花枝、海参等
海鲜,而是先爆香葱和虾米后,放入芋头角块一
起炒,再加米和水熬煮成粥。芋头约370克,其
余分量比例和芋头海鲜粥差不多。

这里的
番薯粥、芋头海鲜粥
和虱目鱼粥
同属台式粥品的系统
其中的番薯粥原属
早期台湾农村的食品
如今生活水平
普遍提高
番薯粥反而
进入都市大餐厅
成为台式
"清粥小菜"的商标

上图下方为台式咸粥,上方为芋头海鲜粥

左图这碗台湾最著名的虱目鱼粥，是上图台南广安宫前食摊的招牌粥点

虱目鱼粥

成品数量 4人份

材料

	蒜头6瓣，切成细末
	姜2片
籼米$\frac{5}{8}$杯	盐1$\frac{1}{2}$茶匙
虱目鱼1条约370克	鸡精$\frac{1}{2}$茶匙
生牡蛎150克	油3大匙
芫荽少许	

准备

1. 虱目鱼去鳞洗净，参照图解，先在鱼头一面拉起胸鳍，紧临胸鳍下方斜割一刀深入鱼骨，翻面依刀痕切下鱼头。接着把鱼摆直，在接近鱼身一半宽度的地方，沿鱼肚白将整个鱼肚斜切下来，掏出里面的内脏，除鱼肝、鱼肠外其余均丢弃不用。此时应注意不要弄破鱼胆，以免苦汁流出渗入鱼肉。接着，以卧刀沿着鱼中间大骨两侧片成上下两大块，每块再依肉纹走向，斜切厚0.8厘米的薄片，与鱼头、鱼肚、鱼肝、鱼肠各放入大碗中，用清水冲洗干净。鱼骨也一并洗净备用。

2. 炒菜锅中烧热油3大匙，以小火炸香蒜末，至色呈金黄时捞出沥去油分。

3. 籼米洗净，浸泡3小时后沥干。

4. 生牡蛎洗净备用。

5. 芫荽去茎，洗净切碎。

制作

1. 锅中注水10杯，放入鱼骨及姜，以大火烧滚后，盖好锅盖，转小火煮40分钟，熬成高汤。熬汤时，把鱼头、鱼肚、鱼肝、鱼肠陆续放下烫熟。鱼头、鱼肚烫3分钟，鱼肝、鱼肠则烫2分钟即可，均以漏勺捞起置于一旁。

2. 另用一锅烧沸水6杯，将熬好的高汤滤出鱼骨后倒入，大火再烧沸，加米煮10分钟至米心熟透。可捞起几粒米用手指头捏碎，若中间无硬心则表示已熟。再放盐1$\frac{1}{2}$茶匙、鸡精$\frac{1}{2}$茶匙调味，接着放生牡蛎下去略滚后，续下鱼片煮1分钟，即可熄火。食用时，将粥盛入碗中，随个人喜好，附加鱼头、鱼肚或鱼肝、鱼肠在粥上，撒蒜头酥及芫荽叶各少许。另用小碟盛装蘸鱼肚等吃的酱油，与粥一起上桌。

要诀

买虱目鱼时，要看鱼是否新鲜，可从鱼眼判断，黑亮则佳，转红则表示不新鲜。另外虱目鱼最好吃的部分就在它的鱼肚，内夹一块肥腴的鱼肚油，入口即化，感觉柔滑，所以买鱼选鱼肚越厚的越好。

应用

这道粥的煮法主要是参考台南广安宫前的虱目鱼粥变化而来，以吃鱼本身的鲜味为主，故先熬出鱼汤后再煮粥，取其入味。可另佐以油条配吃，脆软交杂，更为可口。

虱目鱼粥切鱼法

1. 刀锋由胸鳍下方斜划一刀，翻面从相同位置，用力直切下鱼头。

2. 沿鱼身近中央部分，从头至尾斜斜切下整个鱼肚。

3. 按紧鱼身，将刀自鱼中间大骨上方横向切入，顺势片下鱼肉。

4. 片下后，顺着肉纹走向斜切厚0.8厘米的鱼片，鱼骨留置另用。

虱目鱼肉嫩味鲜
在热粥中烫熟
特别可口
虱目鱼粥是
台南广安宫前的名粥
清晨六七点钟
就会有人络绎不绝
前来食粥
好口福的台南人
吃了营养又美味的
虱目鱼粥
一天都神清气爽

入药粥类

中国人素有"医食同源"的观念，并从长久的经验中归纳出了一些有益于健康的粥品。

粥易于消化，性质温和，最适宜幼儿、老人、病弱者食用。在这里，我们特别推介几种取材方便的药用粥品，如清火的绿豆粥、助消化的苦米稀饭。松快解毒粥可以去毒，健节蟹藕粥能强壮筋骨，益血当羊粥则是妇女补血的佳品。

利用家常的米食进行食补是最方便不过的事了。厨房里咕嘟咕嘟煮起滋味香浓的稀饭，每一缕腾起的蒸气白烟，都是对家人健康的祝福。

健节蟹藕粥

成品数量　6人份

材料

	杜仲6克
	葱2根，切成细丝
粳米⅔杯	姜4片，切成细丝
有蟹黄的活海蟹2只约1200克	油3大匙
莲藕80克	盐1大匙
鸡蛋2个	

准备

1. 米洗好，浸泡3小时。
2. 莲藕去皮，切成厚0.2厘米的薄片，以水2杯浸泡。
3. 分开蛋2个的蛋清和蛋黄，蛋壳留着。
4. 蟹洗净，拿一根筷子由蟹嘴直插下去。过一会儿等蟹死后，再剥下壳，除去鳃和嘴，并取出蟹黄，加在蛋黄中打匀。接着斩下蟹螯、蟹脚，再把蟹身切成八等份，蟹壳、蟹螯、蟹脚均用刀背敲裂。

制作

1. 炒菜锅中加入油3大匙，大火烧热后，放入一半的葱丝、姜丝和蛋壳、蟹壳、蟹螯、蟹脚一起炒。等炒出香味，即加杜仲和水15杯，盖上锅盖，用中火煮40分钟，再拿纱网滤出汤汁，并拣出蟹螯备用。
2. 用另一个汤锅盛刚滤出的汤汁11杯，把米沥干放入，同时也把莲藕和浸汁一块加下，盖好锅盖，以小火煮1小时30分钟。在熄火前5分钟，才加入切块的蟹身和盐1大匙。
3. 煮好后，将⅔的粥与蛋清混合，分别盛入碗内；再将剩下的粥和蛋黄混合，加在有蛋清的粥上。另外再把蟹螯置于粥上，并撒些葱姜丝

即可吃。杜仲为中药，可坚筋骨，螃蟹也可滋补骨髓，强壮关节，所以常喝此粥，对全身骨髓关节极有益处。煮粥的米最好选用也能壮筋骨的粳米。又由于蟹有毒性，因而要在粥内加莲藕，以抑制蟹毒。

上图5样入药粥由最上方顺时针而下是：健节蟹藕粥、松快解毒粥、益血当羊粥、苦米稀饭和绿豆粥

中国民间的中药店

粥类食品
有益于老幼病弱
在这里
我们介绍几种
特殊配方的药用粥
可以治病强身

松快解毒粥

成品数量　4人份

材料

冷饭2碗
上好乌龙茶叶2大匙
虾米40克

鸡汤3杯
盐1茶匙
酱油1大匙
麻油少许

准备

1.把茶叶2大匙放在锅中，注入刚烧开的水4杯，泡5分钟，再开小火煮1分钟，然后滤掉茶叶，留下茶汤。

2.虾米以温水泡30分钟。

制作

把冷饭、虾米和鸡汤全部加入茶汤中，盖上锅盖以中火煮15分钟后，再加盐1茶匙、酱油1大匙，略煮1分钟，即可盛出。吃时，粥上另洒几滴麻油。茶叶清火去热毒，能够中和血液中的酸性代谢产物，有一定的解酒作用。

要诀

茶若经长时间熬煮，会变苦且失去香味，所以不可用生米来熬粥，而以冷饭代之。

益血当羊粥

成品数量　6人份

材料

粳米$\frac{4}{5}$杯
羊腿肉450克
虾米20克
玉米1根
芹菜2株
当归12克
红辣椒1只，切成3段
葱1根，切成细丝

姜4片，切成细丝
油2大匙
酱油2大匙
麻油1茶匙
胡椒粉$\frac{1}{8}$茶匙

蘸料

酱油2大匙
醋1茶匙
麻油1茶匙
蒜头2瓣，切成细末

准备

1.米洗好，浸泡3小时。

2.切除羊肉的脂肪，再切成2.5厘米立方的丁块，用开水略为烫过，去其膻味。

3.虾米洗净，泡30分钟。

4.玉米粒用小刀削下，丢掉玉米芯。

5.芹菜切4厘米长段。

制作

1.炒菜锅中放油2大匙，大火烧热后，将葱、姜和虾米炒一炒。等香味出来，放羊肉、玉米、芹菜、当归和水15杯，水滚沸后盖上盖子，转中火煮1小时。

2.用纱网过滤汤汁，再把滤出的羊肉放回汤中，玉米粒则拣出备用，然后将辣椒和沥干的米一起加入，盖锅继续用中火煮1个小时。

3.煮好时，用酱油2大匙、麻油1茶匙和胡椒粉$\frac{1}{8}$茶匙调味。盛入碗中后，用玉米粒在粥上装饰。把蘸料中的酱油、醋、麻油和蒜末混合，吃羊肉时，即可蘸此佐味。羊肉性热，当归是妇科要药，所以此粥较适合妇女食用，可以促进血液循环，对四肢冰冷、贫血、生理不顺等妇女病症都有效。加芹菜的目的是要减低一些羊肉的热性，同时芹菜也有保血脉的功效。

苦米稀饭

成品数量　4人份

材料

粳米$\frac{4}{5}$杯

准备

米洗净，完全晾干。

制作

1.开中火，将米置于炒菜锅中不断翻炒，至米粒均匀焦黄。

2.在焦米锅中加水6杯，大火煮沸后，转中火熬20分钟即可。米炒过再煮，比较好消化，容易被吸收，所以肠胃不好的人可常吃苦米稀饭。

绿豆粥

成品数量　4人份

材料

绿豆$\frac{2}{3}$杯
粳米$\frac{4}{5}$杯

准备

1.绿豆洗净，浸泡5小时。

2.米洗净，浸泡3小时。

制作

绿豆和米沥干放入锅中，加水7杯以大火煮开后即转中火煮30分钟，见绿豆壳裂开，再继续熬10～15分钟即可。此粥解热毒、止烦渴，宜夏季吃。

应用

绿豆粥无论冷热、甜淡皆极适口。若喜吃甜食，可在熬至绿豆壳裂开时，依自己口味酌量加入细砂糖。

焦米类

在漫长的年代里，中国人都是用火来煮饭，并没有今天方便的电饭锅。用火煮饭，不能避免地，会有烧焦的部分，这就是俗称的锅巴。

锅巴看起来又硬又黑，像无用的废物，闻着却别有一番焦香。最懂得废物利用的中国人，不但不舍得抛弃它，相反地，还利用锅巴的焦香做出令人入口难忘的各色米食。

譬如说：饭底的锅巴可直接泡在热麻酱油汤中，不久就香软好吃了。人们更把每天剩下的锅巴晒干、保存，吃时用油炸一炸，即是酥香的小点心。刚炸好的热锅巴若再浇上刻意配制的菜肴汤汁，会发出"嗞——"的声响。这道兼具"色香味"又富音响效果的锅巴大菜，就可以成为宴席名菜了。

锅底废物既成美味，今天人们虽不能从电饭锅中得到锅巴，却有商人直接用糯米饭制造锅巴贩卖，滋味虽与过去的家庭锅巴不太相同，却也深受喜爱。

此外，在焦米系统的食谱中，我们还有爆米花。用糙米爆成的米花，营养又可口，设计成现代人的营养早餐，最适宜不过了。

酥炸锅巴

成品数量　20块

材料	盐1茶匙
圆糯米1½杯	油½锅

准备

糯米洗净，泡水3小时后捞起沥干。

制作

1. 取一个与蒸笼口径同大的锅子，注入水⅔锅。放上蒸笼，内铺一层湿蒸笼布，再把糯米加盐1茶匙拌匀倒入。盖好笼盖，以大火蒸40分钟后，熄火略焖一会儿，取出待用。

2. 在炒菜锅中，先放油1茶匙涂抹锅底及周边，再以饭勺将糯米饭舀入摊平成厚0.5厘米的一层。以小火烘烤，一边不停地转动锅子，使各处平均受火，烤到颜色转黄即铲出，用刀切成5厘米见方的方块，再回锅翻面续烤至干。或者置大太阳底下曝晒1～2个小时亦可。

3. 锅中放油½锅，大火烧热后，熄火让油稍凉，

再开小火重新加热，将锅巴一片片放入，并拿长筷子不时地翻面，炸2～3分钟至胀大胖起，即捞出沥去油分，盛盘食用。

要诀

炸锅巴的油温不可太热，否则容易炸成焦黄，应用微火慢慢加温。

应用

刚烤好的锅巴，可放太阳底下曝晒3～5天，即成生锅巴，可装罐保存一年以上。

酥炸锅巴制作法

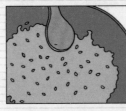

1. 将饭盛入抹油的炒菜锅，摊平后以小火烤黄。

2. 烤黄后铲出，切成宽5厘米的长条。

3. 每长条切成5厘米方块，回锅翻面烘烤至干。

4. 再下油锅翻炸至胀大胖起，即可捞起盛盘。

这焦香酥脆的
大片锅巴
不但是
孩子喜爱的点心
若懂得利用它的特质
还可以烹制为
全家人都爱吃的茶点
这正是
中国人懂得
废物利用的例证
锅巴原是以前的人
在火上煮饭
而烧焦的锅底饭
谁能想到
它竟可以摇身变为
各式受人欢迎的米点
甚至成为
宴席名菜呢

刚铲起的锅巴逗得孩子馋涎欲滴

华师傅虾托

成品数量　25块

"嗞——"一声爆响
鲜红的虾仁连汤带汁
浇在金黄的锅巴上
产生了
令人惊异的音响效果
这道抗战时的名菜
曾被人称作
"轰炸东京"
又叫"轰炸莫斯科"
不论叫什么名字
它都是一道
色、香、味外加
音响效果的宴席大菜

材料

熟锅巴300克
虾仁530克
猪肥肉150克
荸荠4个
鸡蛋1个
芫荽20克

洋火腿末1½大匙
葱1根，切成细葱花
去皮嫩姜8片，切成细末
油½锅
盐1茶匙
鸡精¾茶匙
胡椒粉⅓茶匙
淀粉2大匙

准备

1. 每块锅巴切成5厘米见方的小块。

2. 分开鸡蛋的蛋黄、蛋清，取蛋清备用。

3. 肥肉切碎后剁成泥。虾仁用净布拍干，与肥肉混合剁碎。荸荠削去外皮也剁碎。

4. 在虾泥中放荸荠末、蛋清、姜、葱及胡椒粉¼茶匙、盐1茶匙、鸡精¾茶匙、淀粉1大匙混合拌匀。

5. 芫荽只留叶子，以清水洗净。

制作

1. 调过味的虾泥用小匙一一抹在锅巴的一面，厚0.5厘米，其上以芫荽叶和火腿末装饰。将淀粉1大匙加水⅓杯调成水淀粉，一一滴在芫荽和火腿末上。

2. 大火烧热油½锅，转中火后，放入涂虾泥的锅巴炸3～4分钟，至虾泥炸熟，锅巴炸黄即可捞起，沥去余油后上桌。

要诀

1. 虾仁一定要用净布拍干，剁碎之后才不至于太湿而粘不住锅巴，炸时亦可避免油爆。

2. 为使虾泥吃来有劲，虾仁不必剁得太碎，调味混匀后，可用手抓起朝碗中摔数次，以增嚼劲。

3. 在装饰用的芫荽及火腿末上沾少许水淀粉，能固定装饰位置，不致炸后脱落，影响美观。

华师傅虾托

锅巴虾仁

成品数量　8人份

材料

熟锅巴300克
沙虾900克
番茄1个约300克
毛豆仁¼杯
鲍鱼菇¼杯
鸡蛋1个
蒜末1大匙

葱1根，切开葱白与葱绿，葱绿部分切成葱花
高汤1½杯
罐装番茄糊¼杯
淀粉4大匙
盐½茶匙
油8杯
熟油2茶匙

准备

1. 沙虾摘头去壳剥成虾仁，挑除肠泥，撒入盐¼茶匙，漂洗4次洗净，用纱布擦干水分。

2. 分开鸡蛋1个的蛋清与蛋黄。取蛋清½个放入碗中。加淀粉2大匙拌匀，倒下虾仁搅揉，使它裹匀汁液。同时将葱白也放进碗中，一边揉虾，一边捏挤葱白，把葱汁逼入虾仁去腥。再拌进熟油1茶匙，使虾仁不会互粘。

3. 番茄去蒂，用刀在底部划一个十字痕，放入滚水中烫2分钟，取出剥皮，切成0.5厘米立方的小丁。鲍鱼菇洗净，切成等大的小丁。毛豆仁也在滚水中烫3分钟，取出后过冷水，除去外膜。

4. 碗中放淀粉2大匙、水3大匙，调匀成水淀粉备用。

5. 每块锅巴都切成5厘米见方的小块。

制作

1. 将一只空汤碗放入电饭锅中蒸热，置电饭锅中保温待用。

2. 炒菜锅中倒油2大匙，大火烧热后，下葱、蒜爆香，再下毛豆仁、鲍鱼菇快炒1分钟盛起。

3. 炒菜锅再烧热油2杯，倾下虾仁，大火翻炒20秒，立即捞起沥油。

4. 倒出炒菜锅中的余油，只留下1大匙，然后倾下炒好的毛豆仁、鲍鱼菇，再下番茄丁、番茄糊¼杯，大火翻炒数下，加进高汤1½杯煮沸后，加盐¼茶匙，并淋下调好的水淀粉勾芡。煮滚后立即倒进虾仁，并加熟油1茶匙，使芡汁更添油亮及保温。再快炒两下，立即盛入蒸至高热的汤碗中，以盘覆住，不使虾仁汁散热。

5. 炒菜锅中烧热油5杯，倒下锅巴，中火炸2分钟沥起，平铺在大盘中。

6. 趁热迅速将锅巴盘、虾仁碗送上桌。端碗将虾仁汁倾倒在锅巴上，即可听见锅巴"嗞——"

右图为锅巴端上桌后，将虾仁汁趁热倒上

早安！米花糖
看看这碗动人的
米花糖早点吧！
富有营养的
糙米米花糖
上铺水果
再浇上乳白的牛奶
真是人见人爱

糙米米花早点

一声爆响，这便是这道菜最大的特色所在。也就是这一声，使它成了抗战名菜"轰炸东京"，也有人叫它"轰炸莫斯科"。

要诀

为了让锅巴和虾仁都能维持高温，使"嗞——"声更响，最好能有两个炒菜锅，两人同时炒虾仁、炸锅巴。

又爆出一炉米花了！

糙米米花早点

成品数量　1人份

材料

糙米爆米花糖2块

香蕉½根
葡萄干1大匙
鲜奶1杯

制作

把米花糖每块切成8小块，放在一个小型面碗中。香蕉去皮，切成厚0.2厘米的薄片，置于米花糖上，再撒上葡萄干1大匙，然后将鲜奶倾入碗中，立即食用。

要诀

1. 米花早点一定要随做随吃，否则时间一久，米花糖变绵软了就不好吃了。
2. 夏天可选用冰的鲜奶，如果不习惯早上吃冷食，可改用热牛奶。

应用

一般米花糖都可用来做米花早点，不过以糙米米花糖最合用，不但有糙米的特殊清香，而且营养更丰富。

爆米花

提起爆米花，中国人会想到米爆出来的白胖米花，西方人则会想起夹带奶油香的爆玉米。其实几乎所有的谷类都可以做成爆米花，只是所需要的压力各自不同，如一般的粳米、糙米约需10千克的压力，麦类却一定要达到15千克才能

爆出。西方人要吃爆玉米，可以从超市买回经过特殊处理的玉米，在自家厨房里做，但是我们的爆米花却得让爆米花人用特别的机器来做。

今天我们在巷弄里，偶然还可以见到爆米花人驾着小发财车或脚踏三轮货车，载着锅炉、鼓风机、木盆模型、滚筒、大铝盆等全套设备悠悠而

来。他一卸下这些器具，就拿起两个空奶粉罐相互敲击起来，告诉大家："我来啦！"不一会儿，便有好些人拿来一奶粉罐一奶粉罐的白米，摆在地上，排起长龙。

爆米花人这就熟练地展开工作了。他先烧起炭炉，把爆烤炉烤热，然后倒入一满罐米，拴紧盖子。接着一面继续加温，

一面不停地旋转爆烤炉。炉内因温度升高而致压力一直升高，大约9分钟后，压力达到10千克，就把炉移下，在盖子外罩上一个铁丝网，然后用起子扭开盖子。只听"嘭！"一声巨响，粒粒胖滚滚、白花花的米花立刻激射入网。

通常如果顾客没有指定要散的米花，爆米花人还会在大

铝盆中将米花和熬化的麦芽糖浆或黄糖浆拌匀，再倒入木模中压平，然后切成长方块，这就是米花糖了。更讲究一点的，也可以加进花生或葡萄干。这里我们介绍的米花早点，就是用米花糖做成的。西方也有类似的食品，就是将散的米花再烤过，以维持脆度，吃的时候再加糖、牛奶或水果。

馊米类

生米加水煮成熟饭，若是一时吃不完，很容易酸馊。在适当的气温条件下，它便会成酒。想来，中国人食米七千年，懂得喝米酒一定也有这么长时间了。

今天在台湾山地，还可以看见原住民用极简便快速的方法，做出乳白色的米酒。原住民在丰年祭中痛饮米酒，载歌载舞，其乐陶陶。说不定，七千年前的中国老祖先也做着差不多的事。

在这里，我们将教你用米做出精致的酒酿、酒糟。利用酒酿、酒糟的特殊芬芳，更能烹调出极有风味的菜肴，如酒酿蛋、酒酿年糕、糟熘鱼片、福州红糟肉等。至此，你便能领会到中国人运用米性的淋漓尽致。

酒酿

成品数量　1锅

材料	
圆糯米3600克	酒曲10克

准备

1. 糯米洗净，浸泡一夜后，捞起沥干。
2. 酒曲用捣药的小杵臼或擀面杖捣成粉末。

制作

1. 糯米平铺于一底部衬有湿蒸笼布的蒸笼内，用滚水大火蒸30～40分钟成糯米饭。
2. 将糯米饭倒进淘箩中，用冷水冲成一颗颗饭粒，并使饭粒的温度降至温热程度后，将水分沥干，放入酒曲粉末拌匀。
3. 将糯米饭装入铝锅或陶锅内，不要压紧，轻轻抚平后，中央用擀面杖旋出一个凹洞至锅底，以便出酒。
4. 盖紧锅盖，以旧棉被密裹，放在室内避风处。24小时后便可除去棉被，打开食用，吃时用干净的汤勺舀出即可。若不立即吃，应放冰箱内冷藏。

要诀

1. 无论铝锅或陶锅均可用来盛装，但是锅内以及使用的擀面杖、汤勺等都不可沾油，否则会使糯米饭腐败。
2. 糯米饭蒸熟，在拌入酒曲前，须用冷水略冲散，同时降低温度，若温度过高会使酒曲药力失效，温度过低则不会出酒。

红糟

成品数量　1罐

材料	
圆糯米1200克	红曲150克
	白曲5克

准备

1. 糯米洗净浸泡一夜，捞起沥干。
2. 白曲用捣药的小杵臼或擀面杖捣碎。
3. 取一只底部12厘米见方、高23厘米的广口玻璃罐，洗净擦干后，倒进凉开水6½杯，加入红曲和匀，静置一夜，使红曲渐渐溶入水中。

制作

1. 糯米平铺于一底部衬有湿蒸笼布的蒸笼内，盖严笼盖，以滚水大火蒸40分钟成糯米饭。
2. 将蒸好的糯米饭放入竹箩中，以冷水过凉后，平均摊开来晾干。

米馊了，怎么办？
不要紧
我们是在做酒酿、
做酒糟呢
酒酿和酒糟
好好运用起来
也能做好多米食餐点
别有一种特殊芬芳

做红糟时，要将糯米饭加进红曲水拌匀

3. 用汤瓢将糯米饭慢慢舀进玻璃罐，与红曲水拌匀，约装七分满即可。最后拌入捣碎的白曲。

4. 玻璃罐加盖，置室内阴凉处，一周后打开盖子，用干净的汤瓢搅动一下，第二周再搅动一次后，盖子盖紧，继续放15~25天，即可开启。用纱布滤出水分，剩下的就是红糟。加盖置冰箱中保存，用时再以干净汤瓢舀出。

要诀

1. 制作红糟最好是在气候寒冷的秋冬时期，如果气温太高，糟易变酸。

2. 做糟加水的比例是米100克加水100克，如此做出红糟后，滤出糟米剩下的浸液可以当酒喝。

3. 搅拌用的汤瓢，要擦得极为干净，不能沾到任何油、水，否则糟会变质。

应用

红糟可用来煮肉、鱼、豆腐等多种菜式，应用极广。

酒糟黄瓜

成品数量　1罐

材料	小黄瓜1200克
酒糟10杯	盐250克

制作

1. 小黄瓜洗净，在大太阳下曝晒至少一天，直到小黄瓜变软。

2. 晒软的小黄瓜置于锅中，加入盐250克，盖上锅盖，以拇指压紧锅盖，用力将锅上下摇动，使每一条小黄瓜均匀裹上一层盐。盐腌一天后，将小黄瓜平铺在大盘上，在太阳下曝晒至少半天，直到小黄瓜表皮变干。

3. 将酒糟10杯倒入高25厘米、底部13厘米见方的玻璃罐中，放入小黄瓜，使酒糟盖过小黄瓜。封紧盖子，放置在阴凉处，3~5天后就可以夹出来吃了。

要诀

1. 玻璃罐可用瓦罐等容器代替，但酒糟一定要盖

黄瓜在太阳下
晒至半干
腌入酒糟中
封起来放个三五天
就成非常爽口的小菜
酒糟黄瓜做法简朴
滋味隽永
摆在山珍海味前
亦能引人胃口大开

过小黄瓜。若无法盖过，酒糟可酌量增加。为避免腐坏，盖子一定要密封。

2. 如果要吃带甜味的小黄瓜，可在酒糟中酌量加糖。

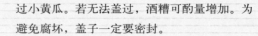

糟熘鱼片

成品数量　8人份

材料	鸡精$\frac{1}{4}$茶匙
白糖3大匙，酒酿亦可	淀粉$\frac{1}{2}$茶匙
鲢鱼1条约1800克	米酒1大匙
小黄瓜2条	油3杯
胡萝卜$\frac{1}{2}$根	**腌料**
葱1根，切3厘米长段	盐$\frac{1}{8}$茶匙
姜8片	米酒1$\frac{1}{4}$茶匙
盐$\frac{1}{2}$茶匙	蛋清$\frac{1}{2}$个
熟油1$\frac{1}{2}$大匙	淀粉1$\frac{1}{2}$大匙

准备

1. 鲢鱼去头刮鳞，剖肚除去内脏后，以卧刀从鱼头向鱼尾方向，顺着中间大骨两面，横切成上下两大块。去皮冲洗干净，每块分切长6厘米、宽4厘米数段，每段再顺鱼刺分布走向片成厚0.5厘米的薄片，放大碗中置冰箱内备用。

2. 小黄瓜、胡萝卜分别削皮洗净。小黄瓜斜切厚0.5厘米的薄片。胡萝卜在周边用刀刻几道浅沟做花后，切同等厚薄的片，加盐$\frac{1}{4}$茶匙一起拌匀腌好。

3. 淀粉$\frac{1}{2}$茶匙加水1大匙调成水淀粉。

制作

1. 鱼片加入腌料拌匀后，用手将鱼片不停地由下往上翻起，并以手指揉搓，使每片鱼肉都能均匀沾裹到腌料为止。最后拌入熟油1$\frac{1}{2}$大

上图为糟熘鱼片，左图为酒糟黄瓜

福州红糟肉

匙备用。

2. 炒菜锅以大火烧热油3杯，先下胡萝卜、小黄瓜过油，炸10秒即捞起沥去油汁。接着倒入鱼片，以筷子迅速拨散后，过20秒就可以离火滤出了。

3. 锅中留油2大匙，开大火烧热爆香葱、姜后，将葱、姜捞出不用。另加酒1大匙爆一下，立刻转小火，放入白糟3大匙，再转中火翻炒几下，并加盐¼茶匙、鸡精¼茶匙、水2½大匙和水淀粉炒匀，迅速改大火倒入鱼片、胡萝卜和小黄瓜，快速翻炒两下即熄火起锅，盛盘上桌，吃起来滑溜爽口，鲜美非常。

要诀

1. 这道菜的精华在于鱼肉的鲜嫩和那股滑溜的感觉，所以鱼肉的处理与炒的时间非常重要。鱼肉沾裹一层蛋清、淀粉，再用热油大火迅速烫熟，可保持它的鲜嫩与滑溜感。

2. 鱼肉拌好腌料后，加入熟油1½大匙，可以避免下锅时粘在一起。

3. 炒时，爆香葱、姜后，加酒1大匙热爆一下，谓之酒爆，可使味道更香。唯应注意须立刻将

炉火转小或关掉，以免锅子着火。

4. 因为用的是白糟，鱼肉本身又是白的，所以使用的油务必干净，以维持菜色清爽。

应用

糟熘鱼片也可用红糟来做，做法相同，唯颜色不同而已。如果有草鱼，则以草鱼肉来做更佳。这里用鲢鱼，鱼头可以另外加葱、姜、冬笋、粉皮等红烧，或做砂锅鱼头，味道均极好。

瞧！好一片
红艳艳的红糟肉
福州式的
红糟肉带着些酒香
猪肉腴美无匹
即使是平日
不爱吃肥肉的朋友
也会忍不住
连吃三大块吧

福州红糟肉

成品数量　8人份

材料	盐1½茶匙
	鸡精1茶匙
红糟4大匙	糖2½大匙
上好猪五花肉600克	油2大匙

准备

五花肉先用菜刀刮去皮上的毛，清水冲净后，切5厘米见方、厚2厘米的肉块。

制作

炒菜锅以小火烧热油2大匙，加红糟4大匙拌炒2

分钟后，放入肉块，并加鸡精1茶匙翻拌几下，倒进水$2\frac{1}{2}$杯拌匀，盖好锅盖，焖煮15分钟后，掀盖放糖$2\frac{1}{2}$大匙、盐$1\frac{1}{2}$茶匙调味。继续煮七八分钟，再转微火熬煮20分钟，即可熄火起锅。煮时每隔七八分钟掀盖翻动几下，让肉块均匀沾裹红糟，同时避免粘锅。

要诀

1. 五花肉最好买较瘦且层次分明的，同时肉块不可切得太薄，咬嚼起来才有韧劲。

2. 煮红糟肉，要用小火慢慢炖煮，让红糟充分入味。

天寒地冻的岁末
最好煮一碗
热腾腾的酒酿来吃
暖一暖肚肠
酒酿蛋
酒酿年糕、酒酿汤圆
都是冬天进补的
最佳米食

上图由上至下为：酒酿蛋、酒酿年糕和酒酿汤圆

酒酿蛋

成品数量　4人份

材料

	鸡蛋4个
	白砂糖4大匙
酒酿3大匙	

制作

锅中煮水3杯，倒下酒酿3大匙，大火煮滚，加入白砂糖4大匙，待水再滚，连续打下鸡蛋4个，位置不要相叠，水再开时，蛋正好煮得半熟半嫩，立即熄火盛食。

酒酿年糕

成品数量　4人份

材料

	宁波年糕300克
	白砂糖4大匙
酒酿3大匙	

准备

年糕洗净，切成1厘米立方的丁块。

制作

锅中煮水3杯，倒下酒酿3大匙，大火煮滚后，倾下年糕，待水再滚，即下白砂糖4大匙，待水再滚即可盛食。

应用

除了宁波年糕之外，台式的甜年糕也可用来做酒酿年糕，不过糖的分量要酌量减少。

酒酿汤圆

成品数量　4人份

材料

	柳橙600克
	食用红色素$\frac{1}{16}$茶匙
酒酿3大匙	白砂糖4大匙
水磨糯米粉2杯	

准备

1. 糯米粉徐徐加水$\frac{3}{4}$杯，揉成均匀光滑的粉团，分为两半，一半揉和红色素，再搓出一颗颗直径1厘米的小圆仔。

2. 柳橙去皮，分成一瓣瓣，再小心剥除每瓣外膜，只留用瓣肉。

制作

锅中煮水3杯，倒下酒酿3大匙，大火煮滚后，倾下小圆仔，待水再滚，小圆仔颗颗熟透浮起，即下白砂糖4大匙，再下柳橙瓣，加盖再煮1分钟至滚，即可盛食。

粿粉篇

所谓粿粉，就是用米加工磨制成的米粉。"粿"字来源甚古，具有舂米时残余的碎米、舂米而成的粉末，以及米食等多种意思。根据"粿"字来推测，大概是古人在舂谷去壳的时候，发现了臼底的碎米，并且更进一步发现这些碎米也可以制为食物。后来有些人干脆运用以杵臼舂捣，或以石磨碾磨等方法，把完整的米粒加工成粉来做食物，粿粉便因此诞生了。

在粿粉篇里，首先将介绍各种粿粉的制法和性质。接着便把用粿粉做出来的各种米食，依照其外形分作米浆类、米条、米片、蒸粉类，以及成块的年糕类与糕粿类，而一一介绍其食谱。在这里特别要说明的是，由于过年是中国人最重要的大节，年糕的种类特别丰富，又各有特色，所以本篇就将年糕由糕粿类中分立出来，单独成为年糕类。

粿粉的制作

从捄粉、舂粉到磨粉，中国人累积了数千年的碾米经验，不但了解如何将米研得粗细不同，并且琢磨出如何巧妙运用水与粉的配合，发展出磨粉世界的三个系统：水磨、湿磨和干磨。

水磨系统又可以分出三类：米浆、粿粉团、水磨粉。将米泡软，加上水，一勺勺放入磨中研细出来的乳白汁液就是米浆。米浆盛入棉布袋里，拿扁担、重物压干水分，或拿稻草灰吸干水分后就成了粿粉团；粿粉团再经搓散成微细粉粒，便是水磨粉。

湿磨系统即是指潮粉，将米泡潮湿了，沥起，不再加水就放入磨中，磨成的润湿细粉就叫潮粉或湿粉。

干磨系统则可分为两类：其一是生粉，将米洗净，晾至极干，就这么干磨成粉，即为生粉；其二是将米洗净，晾至将干时，放入炉中烘焙成熟米，再干磨出来的粉就是熟粉。

这里我们除了介绍传统石磨的运作方法，还说明了如何以家中电器来取代石磨，自制出各种米浆粿粉，并加以分析其性质。明白了这些性质，就能掌握制糕做粿的诀窍了。

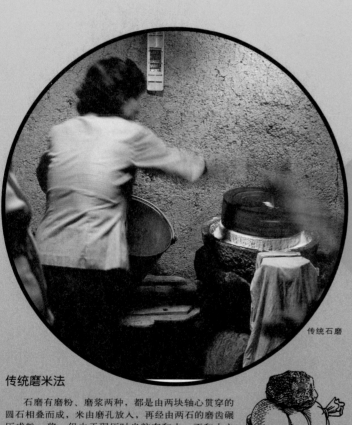

传统石磨

传统磨米法

石磨有磨粉、磨浆两种，都是由两块轴心贯穿的圆石相叠而成，米由磨孔放入，再经由两石的磨齿碾压成粉、浆。但由于碾压时米粒有和水、不和水之别，两磨在沟槽及盛具上也就略有差别。

上图是传统磨米浆的石磨，磨时舀入一瓢米、水，量愈少磨得愈细。推磨的人把磨钩微微下压，向逆时针方向推转，米浆就由磨嘴流入棉布袋里。

接好米浆，把布袋口扎紧，或如下图放长板凳上以扁担压去水分，或如右图放畚箕上以石头压干成粿粉团。

传统脱水法

米浆（水磨）

自制法

将米漂洗3次洗净，泡水3小时。待米浸软，倒出浸水，用量杯盛一杯泡软的米，倒入搅拌机中，再倒入等量的水，盖紧盖子。将调速旋钮调至高速挡，搅打1分钟，待机器休息片刻之后，再搅打1分钟，使米与水充分混搅，成为乳白色的米浆。依此，将剩余的米也都搅打成米浆。

粿粉团（水磨）

自制法

米加水打成米浆后，倒入棉布袋里，用绳子将袋口扎紧。将锅胆从电饭锅内取出，置于平稳的桌面上，架上与之配套的蒸屉。将装有米浆的棉布袋放入蒸屉内，用手摁平，然后压上重物，压逼出水分，至所需要的干度。如果米浆的量较多，可分几次进行，以免压坏蒸屉。市面上有售

水磨粉（水磨）

自制法

米浆打好，脱干成粉团时，须尽量压逼出水分，使粉团干爽不黏糊。取出后不要放久，以免表皮干硬，立即用双掌搓散成小粒，再拿筛网筛成粉末即成。若要干燥贮存，可在大太阳下将粉摊开曝晒两天，收起封好备用。市面上有售干燥过的水磨粉，可买来直接使用。

潮粉（湿磨）

自制法

将米漂洗3次洗净，泡水10分钟至3小时，视所需米的潮度而定，泡得愈久磨出的粉粒愈湿。泡潮后将米沥起，直至不再滴水，即可放入搅拌机中，将调速旋钮调至高速挡，搅打30秒。打时如果粉末有粘容器的情形，可以取下容杯将粉摇匀再打，然后经筛网筛过就成潮粉。市面上不

生粉（干磨）

自制法

将米漂洗3次洗净，沥起，晾至极干到毫无水分，即可放入搅拌机中。盖紧盖子，将调速旋钮调至高速挡，搅打30秒，让机器休息片刻之后，再搅打30秒。打时如果粉末有粘容器的情形，可以取下容杯将粉摇匀再打，打好之后再经筛细即成生粉。

熟粉（干磨）

自制法

将米漂洗3次洗净，泡3小时至软后，沥得干干的，晾5～10分钟，米末完全干时即倒入炒菜锅，以文火不断烘炒，约20分钟后米色呈淡黄，试掐米心，若是软熟，即可放入搅拌机中高速搅打30秒，让机器休息片刻之后，再搅打30秒。打时若

如果用糙米打米浆，则至少需泡5小时，分4次搅打，每次1分钟。市面上有售干燥过的水磨粉，酌量加水后即成米浆。

性质及运用

流质的米浆略具黏结性，煮沸后是很清香的饮料。尤其选取软黏的粳米配合各种干果熬成糊状，是中国人特有的滋养点心，如核桃酪、芝麻糊等。

如果只取一勺铺开，或蒸或烤，米浆立刻凝成软韧的薄片，切条后便成为餐点材料，如干炒牛河里的河粉等。

假使将米浆盛入容器，大火蒸至凝固，就成了软润有劲的糕如碗粿、九层糕等。这类蒸凝米浆所用的米多是籼米，因为籼米韧滑而不黏糯，能与水气均匀凝结，不致产生粒块。

干燥过的水磨粉，加水揉和即可使用。

性质及运用

粿粉团是脱了水的干粉团，水分虽未完全脱尽，但质地已经松脆，因此俗称"粿粹"。

粿粉团再加些糖或加些水又可揉搓成具有黏合性的粉团，很适宜包裹馅材，蒸、煮、炸成各式点心，如各式汤圆、煎堆等；还可压挤成条状，化为另一形态的米饭，如米粉、米苔目等；也可以放在蒸笼内，大火蒸成各种糕粿，如台式的咸、甜年糕等。这类粉团做成的糕粿大多选用黏糯的糯米，较易聚合不裂，蒸熟后质地软黏而具张力。

性质及运用

水磨粉可以用来滚元宵、蒸糕。外形呈粉状，但一遇水气，表面立刻变得柔黏软滑，原因是它先前经过加水齐磨的过程，米的粒子被研磨得极细并散溶水中。再次聚合起来蒸糕时，外壁的米粒子立即吸收蒸汽形成滑面，使蒸汽不易透过，因此不能叠厚起来蒸，必须搅散开来才好蒸透。如宁波年糕蒸时必须在木桶中架一尖形箅子，就是要将粉散开蒸透。也有用水磨粉代替潮粉来蒸糕的，例如方粽中用的籼米粉就可换用水磨粉，但黏而不松的糯米粉则不可取换，以免蒸不透。蒸糕时间也因此要控制好，否则水磨粉蒸久会糊。

售潮粉，因潮粉保存期限仅一天。

性质及运用

潮粉是江南一带蒸糖年糕、松糕用的粉。粉质湿松匀细，水蒸汽可以透过一层层的粉直穿上去，熟后整块仍是松挺而不会软糊。技术到家的话，甚至可蒸熟一尺厚的糕。

除非手艺娴熟，潮粉蒸糕很少用纯糯米，因为糯米的黏性会使糕比较紧实，不易蒸透，所以大多掺和硬松的籼米粉或软韧的粳米粉，如方糕就是。通常和粉的比例是七分糯米兑上三分籼米，或是六分糯米兑上四分粳米，蒸成的糕甘润而米香盈溢，热食最好，冷了以后还可再蒸热来吃，不会黏烂。

性质及运用

生粉可以用来加水揉匀，蒸成苏式年糕或凉卷等。比较起来，生粉没有水磨粉蒸成的糕那种黏韧感。

生粉从前是掺和在潮粉中蒸成松糕的配料——大多是以潮糯米粉为主，以生籼米粉、生粳米粉配入，使粉不致太湿。现在由于潮粉制作麻烦，所以干粉已经逐渐被用来和水抄湿成潮粉，取代了传统潮粉的地位。和湿后最要紧的是必须经过数小时"渗"的功夫，让潮真的潮透了，蒸出来的糕才不会有裂纹。例如本书所介绍的红豆松糕就是将干粉拌湿成潮粉做成，松细爽口，没有水磨粉的软黏感，但也欠缺了传统潮粉的匀润。

见粉末有粘壁情形，便取下容杯将粉摇匀再打，然后放入筛网中筛细，即成熟粉。

性质及运用

熟粉是制作茶食干糕的专用粉，粉味香而不腻。通常以黏合性强的熟糯米粉来制糕，或者可以掺和$\frac{1}{3}$的粳米粉或籼米粉，但糯米粉一定要超过半数以上，糕粉压模扣出来时，才不致碎裂松散。

糕粉又大致有台式与苏式的不同，台式的粉烘炒久些，比较焦香也比较熟，压形后不需蒸过就可食用，如水果干糕。若加蒸过使质地韧润，就叫润糕。苏式干糕则须经过两道略蒸手续，隔天微烘过，更醇香而韧黏，如雪片糕、椒盐桃片等。

搅拌机

研磨杯

现代家庭磨米法

现今，我们可以很方便地买到功能多样的搅拌机。将米加水倾入搅拌机中打成米浆，此时搅拌机的功能就相当于水磨石磨；将潮米、生的干米、熟的干米倾入搅拌机中磨碎成潮粉、生粉、熟粉，此时搅拌机的功能就相当于干磨石磨。

一般家庭用的搅拌机，功率在400瓦左右，可以轻易将米、水混匀搅拌成米浆。但是如果一次打太多米浆的话，机器负担重，也打不匀细，所以最好是以一杯浸软的米兑上一杯水为度。盖紧盖子，先将调速旋钮调至高速挡，搅打1分钟，待机器休息片刻之后，再搅打1分钟，便可得到质地较细的米浆。依此法，再将剩余的米分几次打成细润的米浆。

如果搅拌机的刀片硬度够大，可以直接磨碎潮米和干米。搅拌时可能会出现粉末粘壁的情形，可取下容杯，将粉摇匀再打。一些型号的搅拌机除了主配的大容杯之外，还添附了一个容量较小、专门打粉的研磨杯。使用时只需将大容杯扭下，转套上研磨杯，再倒入待搅打的潮米或干米即可。杯中所放米粒以不超过七分为度，半满最佳。

把米浆压干成粿粉团时，可利用家中的电饭锅。取出锅胆，置于平稳的桌面上，架上与之配套的蒸屉，便形成了类似"木桶之上架箅箕"的组合。把打好的米浆装入棉布袋内，用绳子扎紧袋口，再把整袋米浆放入蒸屉内，用手捂平。接下来就需要在米浆袋上压重物了。家中压泡菜用的石头、书架上的大部头书、装满硬币的饼干盒等等，都是很实用的压物，唯须注意重量恰当，以免压坏蒸屉。如果压物的底面积较大，无法直接压覆在米浆袋上，这时便需要找一个底面积恰当的物体，譬如饼干盒，加以过渡。总之，只要你充分运用生活智慧，巧妙利用家中的大小什具，就一定能做出干湿适宜的粉团。

一般来说，以重物压四五个小时，米浆中的水分就被压出了大半；压上一夜，即可得到干爽不黏糊的粉团。

123

年糕类

年糕，在各式各样的中国米食中，可算是最富神圣性和祝福性的一项了。每到农历年前，只要是产米的地方，百姓莫不喜气洋洋地做出年糕来。年糕不只用来敬祖祭神，人们吃了，也讨个"步步高升"的好口彩。

年糕是怎么来的呢？民间传说中，每至天寒地冻的年底，会有一只庞大无比的怪兽出现，它的名字叫作"年"。为怕年兽胡乱吃人，人们便做出可口的年糕，让年兽饱餐一顿离去。这故事听起来荒诞不经，但充分说明了年糕在中国人心目中的重要性。

在年糕这段食谱中，我们按地域的不同，教你做各种风味的年糕。闽台一带的年糕朴素而厚重。广东的萝卜糕材料丰富、味道爽滑。苏杭一带的桂花年糕滋味特别腴美。宁波年糕则需大力舂捣，做出质地糯韧的条状年糕，可以配合材料，或炒或煮，成为一道可口的糕点。

其中，宁波和苏杭的年糕又突破了造型的限制，可以变化形状，做出元宝或如意的模样。无论元宝也好，如意也好，在喜爱各种吉祥口彩的中国人心目中，年糕本身就代表最隆重的祝福。

春节来临前，让我们自己动手做出好吃又好看的年糕，赠送亲友，互相祈祝：四季平安，万事如意！

台式甜年糕

成品数量　1笼

材料	特殊工具
	中空竹筒4个，每个直径2厘米，高4.5厘米
圆糯米900克	
黄砂糖750克	

准备

1. 糯米浸泡3小时后，参照122页打成米浆，脱水成粿粉团。
2. 将粿粉团搓碎，加入黄砂糖750克，一起搓揉至糖溶化，并与粿粉均匀调和为止。

制作

1. 在9寸大的蒸笼中，先沿边对称放置4个中空竹筒，使蒸汽上达。再铺上一层湿蒸笼布及一张玻璃纸，注意玻璃纸不要遮盖竹筒口，可以沿竹筒边略加折叠。把和好的粿粉浆倒入蒸笼中，盖紧笼盖。
2. 在与蒸笼同口径的锅中煮滚水⅔锅，放上蒸

新年到了
乡村里的人们依旧俗
纷纷做起年糕来
"步步高升"
"吉祥如意"
"发财元宝"
形形色色的年糕
象征了
中国人向崭新一年
祈福的心愿
中国幅员广大
人口众多
年糕的做法
也各有巧妙不同
让我们一同来学习
这项吉祥米食

台湾桃园农家过年时，全家一起帮忙做甜年糕

台式年糕的特征是
朴素、厚重
如果懂得吃法
炸、煎、蒸
或卷甜咸馅来吃
别有一番滋味

将和了红豆与黄砂糖的粉浆倒入蒸笼后，上火蒸熟即成红豆年糕

上页的各地方年糕分别是：
①苏式年糕，由上而下为玫瑰
年糕、枣泥年糕、核桃年糕、黑
麻年糕、桂花猪油年糕
②宁波的五代富贵年糕
③苏式年糕 ④台式红豆年糕
⑤台式咸年糕 ⑥苏式金银如意
⑦宁波年糕 ⑧台式芋头年糕
⑨苏式金银元宝 ⑩广东萝卜糕
⑪台式甜年糕

笼，以大火蒸50分钟后，用竹筷试插年糕，若筷上不沾粉浆，即表示年糕已熟。抽去竹筒，使其复为圆形，待冷硬，再从蒸笼中取出。

要诀

1. 蒸笼中的粿粉浆不宜倒得太多，约八分满即可，以免久蒸不熟，或蒸时满溢出来。

2. 为防锅中水分煮干，可放一只小碟子或瓦片在锅底。有水时，小碟便会叮咚作响，如果沉寂就应立刻加入适量的热水。

应用

甜年糕可以切片裹蘸面粉、蛋汁煎食，也可以蒸食；或者煎软后夹冬瓜糖或酸菜，滋味尤佳。

红豆年糕

红豆300克洗净后，加水5杯浸泡一夜，为了保持红豆色泽，以大火将红豆连浸汁一起煮滚，再改小火煮1小时至红豆软而不裂开，加糖300克，煮化即成红豆馅。红豆中加了糖，可使蒸糕时红豆分布均匀，不致浮在糕面。然后将红豆馅和入与甜年糕分量相同的糖、粿粉中拌匀，放入蒸笼中蒸熟即成。

台式咸年糕

成品数量　1笼

材料	淡色酱油½杯
	鸡精½茶匙
圆糯米900克	胡椒粉¼茶匙
虾米40克	油3大匙
干香菇5朵	**特殊工具**
猪后腿肉150克	中空竹筒4个，每个直径2
红葱头3瓣，切成细末	厘米，高4.5厘米

准备

1. 糯米浸泡3小时后，参照122页打成米浆，脱水成粿粉团。
2. 虾米、香菇分别以温水浸泡30分钟至软。香菇切宽0.3厘米的细丝。
3. 后腿肉切1.5厘米立方的丁块。

制作

1. 大火烧热炒菜锅中油3大匙，爆香红葱末、虾米、香菇，再下肉丁，加淡色酱油$\frac{1}{4}$杯、鸡精$\frac{1}{2}$茶匙、胡椒粉$\frac{1}{4}$茶匙，炒至肉变色即可。
2. 先将粿粉团搓碎，再将爆香过的配料连油汁一起倾入，并加入淡色酱油$\frac{1}{4}$杯，揉拌均匀。
3. 沿九寸蒸笼内侧对称放置4个中空竹筒，再铺上一层湿蒸笼布和一张玻璃纸，注意勿使玻璃纸遮盖竹筒口，以免蒸汽无法上达。将揉匀的粿粉团倒入蒸笼中，盖严笼盖。
4. 在一口径与蒸笼相等的锅中，煮滚水$\frac{2}{3}$锅，坐上蒸笼，以大火蒸50分钟至1小时，以一根竹筷试插年糕，若筷上不沾粉浆，即表示糕已蒸熟，可先抽去竹筒，使年糕复为圆形，待糕完全冷却变硬后，再从笼中取出。

要诀

1. 蒸笼中的粿粉团不宜倒得过多，约八分满即可，以免久蒸不熟，或蒸时满溢出来。
2. 为防锅中水分煮干，可放一只小碟或瓦片在锅底，有水时，小碟便会叮咚作响，如果沉寂，应立刻加入适量的热水。

应用

咸年糕切片之后可蒸食或裹面粉、蛋汁煎食。

台式芋头糕

成品数量　1笼

材料

籼米900克
槟榔芋1个约450克
盐1大匙
鸡精2茶匙
胡椒粉2茶匙
油少许

蘸料

酱油膏$\frac{1}{2}$杯
甜辣酱$\frac{1}{2}$杯

准备

1. 籼米洗净，浸泡3小时后，沥干加水$3\frac{1}{2}$杯，参照122页打成米浆。
2. 槟榔芋削皮后刨丝，放入锅中加水5杯，盖上锅盖，以中火煮至大滚后，连汤一起倾入米浆中，加盐1大匙、鸡精2茶匙、胡椒粉2茶匙搅拌均匀。

制作

1. 在25厘米见方、高6厘米的铝制方盘中，铺上一层40厘米见方的干净湿蒸笼布，将搅拌好的芋头米浆倒入，至八分满，再把铝盘移入蒸笼中。
2. 在与蒸笼口径同大的锅中，煮滚水$\frac{2}{3}$锅，放上蒸笼，盖紧笼盖，以大火蒸1小时，用一根筷子试插，如筷上不沾米浆即表示芋头糕已熟。取出铝盘，趁热将糕反扣在干净的玻璃纸上，撕去蒸笼布。
3. 待凉后，切成6厘米见方、厚1.5厘米的小块，放入平底锅中，加油少许，以小火煎得两面金黄即可蘸酱油膏或甜辣酱吃。

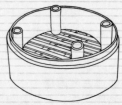

蒸台式年糕需用的四支空心竹筒，沿笼边摆放，使蒸汽透上。

广东萝卜糕

成品数量　1笼

材料

籼米1200克
白萝卜5个约2400克
广式腊肠4条约200克
广式腊肉1条约230克
虾米100克
干香菇80克
澄面150克
胡萝卜$\frac{1}{2}$根约100克
芫荽40克
白芝麻20克
猪油$1\frac{1}{4}$杯
盐1大匙
鸡精2茶匙
胡椒粉1茶匙
麻油1大匙

准备

1. 将籼米洗净，泡3小时后沥干，加水$4\frac{1}{2}$杯，参照122页打成米浆，然后加入澄面150克搅拌均匀。
2. 虾米以温水1杯浸泡30分钟后，略剁数下成小丁，浸汁倒入米浆中。

台式年糕的吃法

在各地的年糕里，台式年糕可以说是比较朴实无华的，但如果懂得吃台式年糕的方法和窍门，也能变换出许多花样，而且滋味都是很美妙的。

在这里，我们提示用鸡蛋、面粉裹年糕炸食，用炸年糕卷馅吃，以及最基本的蒸年糕和煎年糕的方法。其中变化由心，各人可按口味运用。

年糕切薄片，裹一层面粉蛋汁，热油中炸成两面金黄。

甜年糕切薄长片，油锅中炸软后，可卷甜冬瓜糖或酸菜吃。

红豆年糕或芋头糕，都要蒸透了才好吃。

咸年糕切薄片，用小火煎至两面金黄，滋味最佳。

刚出笼的广东萝卜糕

来！尝一块
细润又可口的
油煎广东萝卜糕吧！
萝卜糕用料丰富
做法却不难
蒸好了
切成方形薄块
油煎来吃，最是爽口

中国大概是最早发明
蒸东西吃的民族
早在史前时代就发明了
最古老的蒸锅——甑
据推断
古人观察了
煮饭的水蒸汽
得到灵感
才发明了甑
甑转化成
今日习见的蒸笼
并用它来蒸制米
真是绝妙的运用

3.香菇亦以温水1½杯浸泡30分钟，再切1.5厘米见方的小块，浸汁同样倒入米浆中。

4.腊肉去皮与腊肠同切1.5厘米立方的小丁。

5.将虾米、香菇、腊肠、腊肉各留出⅓杯，待萝卜糕蒸好后，撒在糕面作装饰用。

6.胡萝卜去皮，分出一半切成细丝，另一半在周边刻出数条浅沟刻花，再切厚0.2厘米的薄片。

7.芫荽去根，冲洗干净。

8.白芝麻倒入炒菜锅中，以小火快炒数下，即离火翻炒，见芝麻微黄，香味炒出即盛出。

制作

1.白萝卜去皮，刨成细丝，放入锅中加水7杯，以大火煮20分钟至其透明软烂即倾入米浆中，再倒下切丁的腊肠、腊肉、虾米、香菇及猪油1½杯、盐1大匙、鸡精2茶匙、胡椒粉1茶匙、麻油1大匙一起搅拌。

2.将拌好料的米浆全部倒入炒菜锅中，以中火烧煮，并用锅铲不停地翻拌，煮8分钟后，见米浆已十分浓稠即熄火。

3.在直径35厘米的圆形铝盆中，抹上一层猪油，再倒入萝卜米浆，并将圆盆置于蒸笼中。

4.在与蒸笼口径同大的锅中，煮滚水⅘锅，坐上蒸笼，盖严笼盖，以大火蒸40分钟后，以一根竹筷试插入糕中，若筷上不沾粉浆，萝卜糕便是熟了，即在糕面撒上预留的腊肠、腊肉、虾米、香菇丁块及胡萝卜丝、片装饰，盖上笼盖继续蒸3分钟，取出撒上白芝麻。待其稍凉，再点缀些许芫荽，即可切块食用。

5.如要煎食，则需将糕静置一夜，待其冷透后，再用刀切5厘米见方、厚1.5厘米的薄片，用少许油在平底锅中，以中火煎至两面金黄，外皮脆而内里软润，味道极佳。

蒸笼使用法

蒸笼是中国人传统的蒸食器具，常见的有竹制、铝制、不锈钢制3种。蒸时锅中盛水，大火煮滚，再将盛放蒸物的蒸笼架到锅上，让蒸汽聚集上升到笼中，把食物蒸熟。

如果底下用的是炒菜锅，锅中注水时，水位至少须离蒸笼底边3厘米。由于炒菜锅底浅，容水量少，需要长时间蒸食的话，最好在锅底放个小瓦片或小碟，锅里还有沸水时它会掀动作响，响声微弱下来就表示水快干了，得赶紧加水。加的一定是滚水，否则蒸汽乍冷不能上达，糕便蒸不匀。

若要长时间蒸糕，可改用口径与蒸笼等大的深锅，放满七分水后，就能煮一两个小时不必加水，省去随时添水的麻烦。现在的电饭锅一般都配有可直接架于口缘的蒸笼，按下开关后就可更长时间不必看火顾水了。

如果蒸物直接摆在蒸笼底面，那么在将蒸笼架上水锅之前，为了不使蒸物在蒸后粘底，必须先在笼底铺上一方打湿的棉布，俗称屉布或蒸布，再将蒸物放在布上。如是珍珠丸子等菜点类，还可以改铺洗净的松针，蒸后带层清香；或是铺上烫熟的白菜叶、卷心菜叶等，叶面滑溜，取出更为方便。

蒸微带湿性的糕类时，须等到蒸汽穿透湿屉布而上扬，才放进蒸物，这样一来蒸物一着上屉布，底部便立即

3.蒸笼架在电饭锅口缘。

4.小锅放入大锅的蒸法。

熟了，其中的水分不会渗入布隙而粘在布上，蒸后比较容易剥离。

蒸的若是米浆类，屉布必须从笼底铺至笼壁，并延伸到笼外。再拿竹筷沿笼内底缘将布撑紧，米浆才不会漏入锅里。如果是蒸不宜再吸水的糕点类，如伦教糕、松糕等，盖上笼盖前，最好能在笼口再覆一方湿棉布，吸收蒸上来的水气，以免滴到面上，致糕面糊黏。

如果蒸的是水磨糯米粉团，由于糯米黏性很大，蒸汽不容易透升上去，所以蒸前必须在笼内安放几个与蒸笼等高的空心竹筒，让蒸汽由筒中升起，在糕面上回流，糕才容易熟。也可以不放竹筒，把整笼放进更大的蒸笼里，只要蒸汽能上下对流就可以了。

最重要的是蒸笼和水锅交接处一定要紧合，不能让蒸汽泄出，所以这圈接线必须用湿棉布围住，保住热气也兼保温。如果在水锅口缘垫一圈湿棉花，再置上蒸笼，使锅与笼紧密相贴，水蒸汽更跑不出去，蒸得更快。

如果没有蒸笼，也无妨，只需将蒸物装入小锅，再将小锅放入盛水的大锅里，两锅间以碗相隔，让蒸汽可触上锅底，水则至少低于小锅口3厘米，并在大锅上加盖，小锅不加盖——除非蒸的是不宜再吸水的糕类，须酌加盖子——如果待蒸食物是固体的话，可直接在大锅里放蒸盘，或在炒菜锅里放算子，摆上蒸物，加上锅盖滚水蒸熟，效果也是一样的。

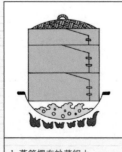

1.蒸笼摆在炒菜锅上。

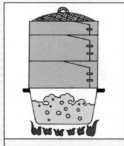

2.蒸笼摆在等大口径锅上。

右图是将切片的广东萝卜糕煎得焦黄喷香

苏式桂花猪油年糕

成品数量　4块

桂花的芳香
玫瑰的嫣红
中国人善于运用
自然物品，使
饮食艺术更活色生香
不信的话
闻一闻
喷香的桂花年糕
看一看
红润的玫瑰年糕吧！

材料

生糯米粉3杯	鸡蛋1个
白砂糖2杯	油1杯
桂花1茶匙	**桂花腌料**
干玫瑰花瓣少许	明矾$\frac{1}{16}$茶匙
板油150克	白砂糖$\frac{1}{2}$茶匙
麻油少许	盐$\frac{1}{4}$茶匙
面粉$\frac{1}{2}$杯	**板油渍料**
	白砂糖150克

准备

1. 将新鲜桂花放于阴凉处一天，取一洁净小玻璃罐，倒入凉透的开水至七分满，放入桂花及明矾$\frac{1}{16}$茶匙，盖紧罐盖。

2. 7天后，用细纱布将桂花的水分挤去，再将小罐洗净擦干，放入桂花，加入糖$\frac{1}{2}$茶匙、盐$\frac{1}{4}$茶匙腌上7天便可取用。用时以干净筷子夹出桂花，用水$\frac{1}{2}$杯浸泡一下，去除咸味，再拿出挤去水分。

3. 板油撕去筋皮，再撕成长2.5厘米、宽1.5厘米、厚1.5厘米的小块，用白砂糖腌渍两天即可。

制作

1. 将糯米粉用筛子筛细，徐徐和入热水1$\frac{3}{4}$杯，用筷子先和匀，稍凉后，再用手揉搓匀实，分成两团，放入垫有湿蒸笼布的蒸笼中。

2. 在与蒸笼口径同大的锅中，煮滚水$\frac{2}{3}$锅，坐上蒸笼，盖紧笼盖，蒸30分钟，粉团熟透即可取出。

3. 在桌案上涂抹一层麻油，趁热将两块糕团再揉和起来，并揉入白砂糖2杯。为免手掌烫伤，可在掌上先蘸满白糖，再搓揉至糕团中，使其不致太烫。

4. 糖与糕团揉和匀实后，揉成直径6.5厘米圆长条，再按扁成厚2.5厘米的长条，用刀切成大小相等的4块，每块糕面按上2块渍好的板油，撒上少许腌好的桂花和揉碎的干玫瑰花瓣即成。

5. 吃的时候，打散鸡蛋1个与面粉$\frac{1}{2}$杯和匀，将年糕切片，裹一层蛋汁面粉，逐片放入烧热油1杯的炒菜锅中，用小火炸透，趁热食用。

应用

桂花猪油年糕是苏式年糕中最基本的一种，由此或揉进拌料，或包馅，又可发展出各种不同口味的年糕。

玫瑰年糕

将新鲜、不含农药的瑰红色玫瑰花瓣80克放入干净的罐里，用干净的瓷片压着，加入凉透的开水$\frac{3}{4}$杯、白砂糖80克、明矾$\frac{1}{16}$茶匙，盖上盖子泡三四天后，浸汁即成玫瑰露。只要将适量的玫瑰露，在和糖时一起揉入糕团中，其余材料分量与做法完全与桂花猪油年糕相同，即可做出瑰红清香的年糕。剩下的玫瑰花瓣取出晒干或烘干，即为干玫瑰花，可以揉碎撒在年糕上。此外改用玫瑰精或以水$\frac{1}{2}$杯掺和食用红色素$\frac{1}{8}$茶匙替代玫瑰露亦可。

核桃年糕

核桃150克，放入中火烧热的油$\frac{1}{2}$锅中，炸熟沥去油分后，用擀面杖略擀成小块，揉进蒸好、和过糖的糕团中，其余材料分量和做法与桂花猪油年糕相同，另在糕面上按一块核桃，作为标记。

黑麻年糕

以小火将黑芝麻150克炒熟，用擀面杖擀得极细碎，揉入蒸好、和过糖的糕团中，其余材料分量、做法与桂花猪油年糕相同。

枣泥年糕

做枣泥馅时，将红枣600克加水4杯，盖上锅盖，以大火煮开后，转小火煮2小时至烂。另备一锅，上架细孔筛网，把枣子连汤一起倒上，用锅铲压揉枣子，将枣肉挤下筛孔，倒去留在筛上的枣皮、枣核。大火烧热炒菜锅中油½杯，放下枣肉、枣汤及糖100克，改中火不停翻炒30分钟，至水分收干为止，凉透后搓成直径约3.5厘米的圆长条，将蒸好、和过糖的糕团用擀面杖擀成宽10厘米、厚1厘米的长方片，将枣泥馅由长边包入，卷捏成长条后，切成5块，每块糕面上置板油、桂花及干玫瑰屑即成。

枣泥年糕制作法

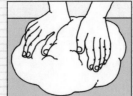

1. 糕团放在涂油的桌上，双掌蘸糖揉匀。

2. 将糕块拍平，中央摆放枣泥馅条。

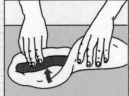

3. 将糕块对折，捏合接缝，稍加按扁。

4. 切块后，置上板油、桂花、玫瑰花屑。

上图的苏式年糕，右盘的上面一块为桂花猪油年糕，下面一块为玫瑰年糕；左盘由上而下分别是核桃年糕、枣泥年糕和黑麻年糕

下图上方为金银如意，下方为金银元宝

金银元宝

成品数量　1对

运用糕饼模子
和普通饭碗
可以把年糕做成
如意及元宝的模样
年糕本身
就有吉祥意味
加上具体的吉祥图形
更是大吉大利

材料

粳米150克
圆糯米150克
黄砂糖90克

白砂糖90克
麻油少许
桂花少许
食用红色素$\frac{1}{8}$茶匙

准备

1. 粳米、糯米洗净，混合浸泡10分钟后沥干，参考122页放入搅拌机中，打成极细的潮粉。

2. 用筛子将潮粉筛细，其中一半与黄糖90克混合，双手由下往上抄拌均匀，再加水1茶匙抄拌，但不要用手搓揉，以免结粒。然后将抄拌好的粉末撒入垫有湿蒸笼布的蒸笼中。

3. 在与蒸笼口径同大的锅中，以大火煮滚水$\frac{2}{3}$锅，放上蒸笼，盖紧笼盖蒸30分钟，见粉末熟透即

金银元宝制作法

1. 用碗口在糕片腰段上，斜压弧形纹。

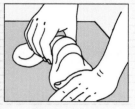

2. 左手轻按糕片一端，右手微提起糕片腰段。

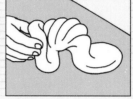

3. 两侧翻起，压贴成糕片的两翼。

4. 放入碗中成形，隔日干后取出即成元宝。

可取下蒸笼，将蒸好的粉倒入盆中。

4. 取一木杵或擀面杖舂打蒸好的粉约百来下，再趁热用手大力揉搓，使糕团均匀紧密，但手上须先蘸麻油少许，以免糕团粘手。

制作

1. 将糕团揉成椭圆形，用掌心按扁。然后在桌案及擀面杖上涂抹一层麻油，把糕团擀成长12厘米、宽6厘米、厚1.5厘米的椭圆形糕片。

2. 参照图解，用一只饭碗的碗口在糕片上压出斜纹，然后捏起糕片的腰部，将左右两边捏按成元宝的两翼，即成金元宝，再将整个元宝放入碗中。另外一半粉末，则与白糖90克混合抄拌，用同样的方法做成银元宝，放入碗中，过一夜元宝变硬形状固定后，即可取出。

3. 把水$\frac{1}{2}$杯与食用红色素$\frac{1}{8}$茶匙调匀后，在金银元宝上沾抹一点，增添年节喜气，元宝上再撒少许桂花即可。

4. 吃时，将元宝切成厚1厘米的薄片，放入锅中，用油少许煎透即可食用。

要诀

元宝中的粳米与圆糯米的比例为1:1，如粳米150克，圆糯米也为150克。米与糖的比例则是8:5，如粳米150克加上圆糯米150克合为300克，砂糖就应该是180克。

应用

在苏杭、宁波一带，不论金银元宝或金银如意，都是过年祀祖祭先的最好供品。

金银如意

以同样的分量比例，将粉糖蒸好揉实，搓成如意形，再放入如意木模中，即可压扣出金如意、银

如意，但木模上须先涂抹一层麻油，以免糕团粘壁扣不出来。

以同法蒸好糕团，做出长8厘米、宽6厘米、厚1.5厘米的长方形年糕，上撒少许桂花即成。

宁波年糕

成品数量　4人份

材料	特殊工具
	上窄下宽的木桶1个
粳米600克	漏斗形箅子1个

准备

1. 粳米参照122页打成米浆，脱水成粿粉团后揉碎，用筛子筛细。
2. 在木桶中先安置好箅子，然后再铺上一层湿蒸笼布。

制作

1. 炒菜锅中煮滚水½锅，放上木桶，蒸3分钟后，让蒸笼布热透，以免粉蒸熟后粘布。然后将筛过的粉均匀撒入，另在桶口蒙上一层湿蒸笼布。大火蒸30分钟后，掀去蒸笼布，用长筷略翻粉末，再将蒸笼布打湿蒙上，续蒸15分钟，

见粉末全部熟透，不呈白粉状，即倒入盆中。
2. 用一根木杵或擀面杖春打糕团百来下，再取出趁热用手大力揉搓，使其均匀紧实。
3. 将糕团分成直径6厘米的团子若干个，再把团子搓成直径2.5厘米、长10厘米的圆条，稍加按扁即成宁波年糕。

应用

宁波年糕刚蒸熟时，即可夹包肉松趁热食用，糯韧有劲。待其冷透，完全干硬后，可用清水浸泡贮藏，冬天每三日换水一次，不必加盖，春天则两天换一次水。吃时，炒、煮、煎都十分可口。

参照前法将粳米1200克做成粿粉，蒸熟、捣实揉匀后，分成6个成等差级数大小的圆团。最大的一个直径约16厘米，最小的一个直径约6厘米。

长条形的宁波年糕
在各地年糕中
独树一帜
由于它是水磨粉做的
又称"水磨年糕"
更有人看它形状特殊
叫它"脚板年糕"
真是有趣的名字

宁波年糕制作法

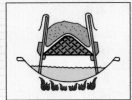

1. 上窄下宽的中空木桶中放箅子，箅上铺蒸布。

2. 粉撒至布上蒸，并在桶口蒙一层湿蒸布。

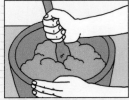

3. 粉蒸熟放锅中，用杵春百余下，春出韧性来。

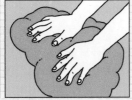

4. 趁热用力揉搓糕团，使其紧密匀实。

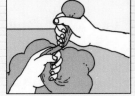

5. 利用手的虎口将糕团挤出一个个圆团。

6. 将圆团搓成长条形，中段按扁即成。

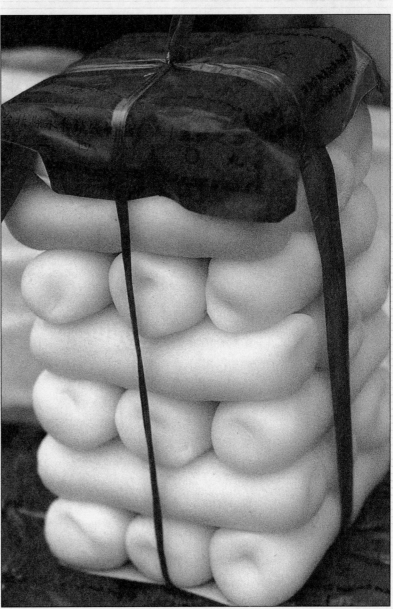

宁波年糕

宁波的五代富贵年糕

五代富贵元宝制作法

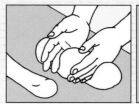
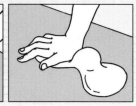

1. 用掌缘把椭圆条搓成3个等大相连的圆球。

2. 将左右两个圆球按扁，成薄片。

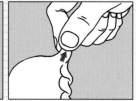

3. 左片翻起托附住圆球，下端捏合，右片亦同。

4. 两指在元宝边上拉起1厘米长段向前翻折。

5. 每折一段即压紧，将元宝两翼都折出细边。

6. 折好后，将葱头剖4瓣蘸颜料在元宝上印红。

炒宁波年糕

成品数量　4人份

材料

宁波年糕600克
猪里脊肉80克
小油菜花300克

干香菇4朵
油3大匙
盐1茶匙
鸡精½茶匙

准备

1. 新鲜年糕斜切厚0.2厘米的薄片，若是干硬的年糕需泡水五六个小时，泡软后再取出切片。

2. 香菇洗净，以温水泡30分钟，挤干水分后去蒂，切成宽0.5厘米的细丝。

3. 里脊肉切成长3厘米的肉丝。

4. 小油菜花洗净，掐成3厘米长段。

制作

大火烧热炒菜锅，加油3大匙，油热后倒下肉丝，迅速炒散后沥起盛盘，油留在锅中。续下油菜花，连炒几下，倒入香菇，加盐1茶匙、½鸡精茶匙，拌炒匀后，下年糕、肉丝，淋上水1大匙，炒数下即盖锅焖煮2分钟，见油菜花与年糕已软熟，再翻炒两下即可盛起上桌。

宁波年糕在蒸制时运用其可塑的特性可以做五只大小相套的元宝上端放一个可爱的小葫芦，正合了一句"五代富贵"的吉祥辞上端葫芦又有瓜瓞绵延子孙万代的含意

将最大的圆团搓成椭圆形，然后参考图解，用双掌外缘将其搓成3个等大相连的圆球，按扁左右的两个圆球成厚1厘米的薄片。先将左片托附住圆球，下端与圆球捏合，右片亦对称捏好，做成元宝。然后用拇指、食指把元宝两翼小心地捏折出一道细边。续以同法做出次大的元宝，底部插上牙签，插叠固定在最大的元宝上。以同法陆续叠上3个较小的元宝后，余下最小的一个团子做成葫芦形：先用单手搓成两个相连而不等大的圆球，在较小的球上，再搓出一个花生米粒大的小球，同样以牙签固定在最小的元宝上。用水½杯与食用红色素⅛茶匙调成红颜料，把一根葱的葱头部分对剖成4瓣，蘸抹少许红颜料，印在元宝上即成象征财源滚滚的五代富贵年糕。宁波年糕非常有韧性，所以塑形时要拿捏准确，否则成形后不容易再修正。

煮宁波年糕

成品数量　4人份

材料

宁波年糕600克
猪里脊肉80克
竹笋½支约80克
雪里蕻1棵约230克
酱油1茶匙
油2大匙
盐⅓茶匙
鸡精⅓茶匙

准备

1. 新鲜年糕斜切厚0.2厘米的薄片，若是干硬的年糕需泡水五六个小时，泡软后再取出切片。

2. 里脊肉切成长3厘米的肉丝后，以酱油1茶匙腌5分钟。

3. 竹笋去壳，放进滚水中滚煮5分钟，捞起过冷水，切成长3厘米、宽0.3厘米、厚0.3厘米的笋丝。

4. 雪里蕻洗净，挤去苦水后切成极细的小丁。

制作

1. 中火烧热炒菜锅中油2大匙，倒入肉丝迅速炒散，沥起盛于盘中。

2. 油留在锅内，续下雪里蕻、笋丝翻炒几下，加盐½茶匙、鸡精½茶匙及水4杯，盖锅仍以中火煮至汤沸，即开盖放年糕，水再滚时放肉丝，改大火略滚一下即盛出上桌。

煎宁波年糕

成品数量　4人份

材料

宁波年糕600克
油5大匙
白砂糖½杯

准备

1. 新鲜年糕立即可用，若是干硬的年糕则要置清水中五六个小时泡软，再取出备用。

2. 将砂糖倒入浅盘中铺平。

制作

炒菜锅中烧热油3大匙，将年糕三四条散置锅内，小火煎至两面金黄，即可沥油盛起。煎完一半年糕时，加油2大匙，继续将余下年糕煎完，沥去油分，一起放入盛糖的盘中，两边蘸糖来吃，滋味极美。

应用

也可以用蜂蜜或果酱代替砂糖，或把蒜末、麻油拌入酱油中，以年糕蘸而食之。

宁波年糕
由于蒸后又捣
韧度很高
和其他年糕都不同
吃时切片，或炒或煮
即使久煮
亦不易糊烂。此外
煎食、烤食
也别有风味

上图右方为炒宁波年糕，左下方为煮宁波年糕，左上方为煎宁波年糕

糕粿类

碗粿原为
简朴的家常米食
质地细滑可口
老少咸宜
如今
我们掌握了做法诀窍
加以多种材料的
甜咸变化
想来，可以带给家庭
一种简便又
多变化的新米食

右图的各种碗分别是：
①黑糖碗粿 ②什锦水果碗粿
③④柳橙碗粿 ⑤虾仁碗粿
⑥萝卜干碗粿 ⑦传统碗粿
⑧葡萄碗粿 ⑨红糖碗粿
⑩葡萄碗粿 ⑪萝卜干碗粿
⑫柳橙碗粿 ⑬葡萄碗粿

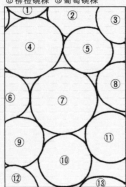

米磨成粉，再借各种粉质的不同性格，做出滋味各异、造型优美的糕粿类点心，是中国米食世界中最细腻而精彩的部分。

依性质来分，糕粿类食品可大致分为三种：其一是质黏而润湿的，做法是用粉团或浓稠的米浆去蒸、煮、煎、炸。蒸的如碗粿、九层糕、凉卷、发糕、伦教糕等；煮的有元宵、麻糍、条头糕等；煎的如芝麻糯米饼；炸的有煎堆、荸荠饼等。

第二种是质地润湿而不黏的，像松糕一类的方糕、红豆松糕、定生糕等都属此类。松糕是江浙一带有名的点心，讲究味甘性润，要蒸透了吃，入口松而不腻。

第三种是质干而松细的，干糕一类的食品，我们在此把干糕又分为苏式和台式两大系统。一般说来，台式的糕粉炒得透而焦香，也往往掺进奶粉、奶油等西式口味；苏式则纯以糕粉配合干果为原料，蒸后略加烘烤，使米香更醇厚。

从米做的传统糕点可以看出过去中国人处理米食的精致程度，其中最具特色的，是干性的糕点。对没有电冰箱的古人来说，干糕真是最方便又可口的零食了。一杯清茶，几片芬芳的干糕，人生悠闲之乐莫过于此，所以人们又称小巧玲珑的干糕为"茶食"。

在这段篇幅里，我们希望不但能保留下传统做糕制粿的精致之处，更希望人们能经由实验，了解各类粉粿的特质，进而创造更适合现代人口味的糕点世界，使居世界第一位主要粮食的稻米，能有更突破性的提升与流行。

碗粿

成品数量　4人份

材料	
	红葱头6瓣，切成细末
	油葱酥2大匙
籼米300克	盐1½茶匙
干香菇4朵	鸡精1茶匙
虾米½杯	酱油1大匙
猪瘦肉100克	油2大匙
咸鸭蛋2个	酱油膏少许

准备

1. 籼米洗净泡水3小时后沥干。以泡好的米1杯加水1杯的比例，参照122页打成米浆。
2. 香菇、虾米分别以温水浸泡30分钟至软。香菇去蒂对切4块。
3. 咸鸭蛋剥壳，只用蛋黄，对切两半。
4. 肉切长2厘米、宽1厘米、厚0.5厘米的小块。

制作

1. 炒菜锅以中火烧热油2大匙，下红葱头末爆香后，放瘦肉、虾米、香菇拌炒几下，见肉色转白，即加盐、鸡精各½茶匙、酱油1大匙、水3大匙，继续翻炒至水分收干即铲起。
2. 米浆倒入锅中，加滚水2杯调和后，以小火慢煮，并用打蛋器不停地搅动使米浆不粘底。煮一两分钟至米浆变得极为浓稠但不糊的程度，迅速离火用打蛋器继续搅一会儿，再加盐1茶匙、鸡精½茶匙、油葱酥2大匙拌匀。
3. 在与蒸笼口径相同大的锅中装水⅔锅，大火烧沸后，坐上蒸笼，放进4个空碗，盖好笼盖，先蒸两三分钟温碗，再把米浆分别倒入碗中至八分满，盖严笼盖，大火蒸2分钟，掀盖将炒好的作料平均分撒在浆面，使其趁米浆尚未硬化时半嵌入浆中。浆面中央再放咸蛋黄½个。加盖续蒸15～20分钟，取一根竹筷插入中，若不沾筷就表示熟了。取出浇上酱油膏少许，趁热供食。

要诀

1. 要蒸好碗粿，火候时间均要控制得当。煮米浆时可用一带柄的锅，视情况随时离火。
2. 米浆煮至浓稠而不糊的程度时，会有少许白色凝固物出现，这是正常现象，可离火继续用打蛋器搅打至匀。

应用

以同样分量的米浆依同法煮得浓稠半熟后，即可依个人喜好口味，拌入各种咸甜作料，上锅蒸熟，就可做出不同的碗粿来。

萝卜干碗粿

米浆煮好调味后蒸熟。另将萝卜干½杯剁碎，加红葱末、蒜末各½大匙、虾米¼杯、切成细段的红辣椒1只炒好，铺撒在碗粿上即成。

虾仁碗粿

虾仁300克用葱2根、姜4片、盐½茶匙、米酒1茶匙拌腌1小时，过热水烫熟，拌入煮好的米浆内，上锅蒸熟即成。

甜碗粿

甜碗粿需水较少，米浆只要加热水1½杯，以上述方法煮好，即为基本的甜碗粿米浆，加白糖1杯拌匀，上锅蒸熟即成。

什锦水果碗粿

甜碗粿做好置凉后，浇上冰过的罐装什锦水果，十分清凉好吃。

红糖碗粿

基本的甜粿米浆煮好后，加白糖½杯，红糖¾杯充

质地细、易消化是碗粿的特色家中若有老人及小孩做碗粿最适宜不过做碗粿时将米浆煮到浓稠半熟再依家人各自爱好的口味分别拌入不同甜咸作料一次就能蒸出全家人都满意的各色碗粿

分拌匀，蒸熟即成。

葡萄碗粿・柳橙碗粿

煮好基本的甜碗粿米浆后加糖1杯，另加葡萄果汁粉或柳橙果汁粉$\frac{3}{4}$杯拌匀蒸热，葡萄碗粿上再撒一些葡萄干即成。

红豆碗粿・绿豆碗粿

基本的甜粿米浆煮好后，加白糖1杯和煮熟的红豆或绿豆$1\frac{1}{2}$杯拌匀蒸熟即成。

菜包粿

摘几片
翠绿的柚子叶
来学做菜包粿吧
软韧的米皮
裹着多汁的萝卜丝
夹着几分
柚叶的清香
尝过菜包粿的人们
一定很想
学学它的制作方法

成品数量　18个

材料	
	香椿40克
	油豆腐40克
圆糯米1200克	豆腐干80克
粳米600克	干面筋40克
柚叶18张	湿面筋80克
油少许	盐1大匙
馅料	鸡精$1\frac{1}{2}$茶匙
白萝卜900克	胡椒粉1茶匙
芹菜80克	油8大匙
干香菇5朵	

准备

1. 糯米、粳米洗净，混合浸泡3小时后，参照122页打成米浆，再脱水成粿粉团。将水$\frac{1}{4}$杯徐徐加入粿粉团中，用手揉匀至不会干裂。
2. 白萝卜削皮刨丝，放入滚水中烫一下即捞出，

蒸好的菜包粿真好吃！

柚叶洗净后，可垫在菜包粿下一起蒸

沥去水分。

3. 香菇以温水浸泡30分钟后，去蒂，切成宽0.2厘米的细丝，蒂则剁碎。
4. 芹菜切成细末。
5. 豆腐干切成0.5厘米立方的小丁。
6. 油豆腐切成宽0.2厘米的细丝。
7. 干面筋用刀面拍扁后切碎，湿面筋和香椿亦剁碎。
8. 炒馅料时，先在炒菜锅中烧热油6大匙，大火爆炒干面筋、湿面筋、香菇、香椿、豆腐干，3分钟后转中火，加入油2大匙及油豆腐、芹菜，再加白萝卜丝、盐1大匙、鸡精$1\frac{1}{2}$茶匙、胡椒粉1茶匙同炒5分钟后盛起。
9. 将柚叶刷洗干净。

制作

1. 揉匀的粿粉团平均分为18份，馅料亦分为18份。将每份粿粉团搓圆后，参照图解按捏成一张张有凹窝的圆皮，放入一份馅料，收口包好，把接缝处朝下，在朝上的一面捏起一道凸起的褶边。再将包好的菜包粿放在涂了一层油的柚叶上，排入垫有湿蒸笼布的蒸笼中，注意不要排得太挤。

2. 炒菜锅中，以中火煮滚水½锅，坐上蒸笼，盖上笼盖，蒸8分钟后，将笼盖掀一掀，让过多的蒸汽散出，续蒸2分钟即可趁热食用。

要诀

将要蒸熟时，掀盖让蒸汽散逸一些，以免菜包粿膨胀过度，冷却后表皮皱缩不好看。

菜包粿制作法

1.将粉团捏按成中间有浅凹的圆皮。

2.凹窝中放入馅料。

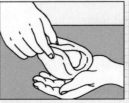

3.粉皮向中心收拢合口，成椭圆形。

4.粉团背上捏好一道褶边，摆在涂油的柚叶上。

白玉饺子

成品数量　6人份

材料

水磨籼米粉1杯
水磨糯米粉1¾杯
卷心菜叶6大片

粉丝1把
五香豆腐干10块约200克
鸡蛋4个
葱2根，切成葱花
去皮老姜8片，切成细末
油1杯
盐1茶匙
鸡精1大匙
麻油1大匙

馅料

小白菜600克
笋2个约300克
干冬菇8朵
虾米80克

准备

1. 小白菜洗净，放入滚水中烫两分熟即捞出，沥去水分，剁碎，挤去多余的菜汁。
2. 笋剥壳后，削去老的部分，对切成两半，放入水½锅中，以大火煮20分钟即捞出。
3. 冬菇、虾米各以温水浸泡30分钟后，冬菇去蒂，与虾米、笋、豆腐干同切成0.2厘米见方的细丁。
4. 粉丝以温水浸泡30分钟后，沥去水分，切成长1.5厘米的小段。
5. 鸡蛋4个打散。大火烧热炒菜锅，倒入油3大匙，油热后倒入蛋汁，用铲子翻炒至蛋皮微黄即盛出，剁碎。
6. 大火烧热炒菜锅，倒入油⅘杯，油热时，先下葱、姜爆香，接着依序倒下豆腐干、笋丁、冬菇、虾米快炒，再加蛋皮，转中火略炒几下，随即放入小白菜，转大火翻炒，加盐1茶匙、鸡精1大匙调味，最后加入粉丝及麻油1大匙拌匀即盛出待凉。

制作

1. 将籼米粉¾杯、糯米粉1½杯混合后，徐徐加入冷水⅔杯拌和成粉团，再分出其中一半，放入滚水中煮2分钟，捞起沥干。
2. 桌案上撒少许籼米粉和糯米粉。将煮过的粉团和未煮的一半揉和均匀，搓成直径2厘米的圆长条，再切成1厘米的小段。每小段用掌心按扁，以擀面杖擀成直径6厘米的饺子皮。
3. 参照图解将饺子皮以折线分为内、外边，在折线上方中央舀入菜馅1½茶匙，然后将饺子皮的右角端并拢捏合0.5厘米，再由右向左捏折饺子皮。每捏一褶即轻轻压紧，褶边愈细，饺形愈美。折好之后，略弯出弧度成形，即可放在撒了粉的桌案上，以免粘桌。
4. 卷心菜叶放入滚水中烫2分钟，见软即捞出，

左图为白玉饺子

垫在蒸笼中，代替蒸笼布。再把包好的饺子一个个间隔一定距离排入，以免蒸后粘在一起。在饺子上洒少许清水，使饺子不干裂。
5. 在与蒸笼口径同大的锅中，煮滚水½锅，坐上蒸笼，盖紧笼盖，大火蒸8分钟，见饺皮透明凝亮，表示饺子已熟，即可连蒸笼一起上桌，趁热食用。

要诀

1. 以卷心菜叶取代蒸笼布，可使饺子便于夹取，不致粘布，此外大白菜的菜叶也可用来垫底。
2. 制作饺子皮时，因为水磨米粉不似面粉有筋性，所以较黏的糯米与不黏的籼米的比例是2:1，并要将一半掺和冷水的粉团先下水煮过，以加强整块粉团的黏性及韧性。在擀饺子皮时，应在擀面杖上抹少许糯米粉或籼米粉，以免饺子皮粘在擀面杖上。

应用

虾肉馅

如果不用菜馅，也可以猪肉和虾肉来做馅。先将肥瘦各半的猪肉600克去皮，剁碎，加上米酒1大匙、白糖½大匙、盐1茶匙、酱油2大匙、鸡精¼茶匙和冷高汤⅓杯拌匀。另用沙虾370克剥去头壳，挑去肠泥后，洗净切成小块，拌入肉馅中即可。

白玉饺子包法

1. 饺皮以折线分为内、外边，馅料放于折线上。

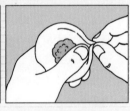

2. 将内、外边的右角端并拢，捏合0.5厘米。

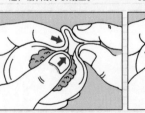

3. 向左折，左手食指将外皮向右撮起0.5厘米。

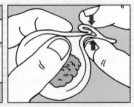

4. 右手食指往前压紧弯线，拇指将内边皮贴上。

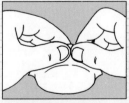

5. 以此动作做完褶边并加捏紧后，略弯出弧度。

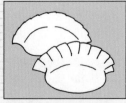

6. 将饺子在桌上坐一坐把馅压实，使底部饱满。

皎洁剔透是
白玉饺子的最大特色
用混合的糯米粉
籼米粉取代面粉
擀皮做饺子
放在卷心菜叶上蒸熟
从热腾腾
半透明的饺皮
可以隐约看见饺馅
令人食指大动

四喜烧卖

成品数量　4笼

花团锦簇、活色生香
可以用来形容
四喜烧卖的多彩
中国人善用自然色
来装饰食品
黑的香菇、红的萝卜
黄的腌萝卜、绿的葱
黑红黄绿四色
使米食烧卖
平添多少姿色

材料	馅料
	猪肉末900克
水磨籼米粉1杯	青江菜300克
水磨糯米粉1$\frac{1}{2}$杯	荸荠4个
南瓜$\frac{1}{2}$个约230克	老姜6片，切成细末
带梗菠菜叶4片	葱3根，切成细末
腌渍黄萝卜$\frac{1}{2}$根约80克	鸡蛋1个
胡萝卜$\frac{1}{2}$根约80克	胡椒粉$\frac{1}{2}$茶匙
干香菇6朵	鸡精1茶匙
葱3根	盐1茶匙
	酱油1大匙

准备

1. 做烧卖顶上四喜的材料时，先将黄萝卜、胡萝卜、葱切成最细小的丁块，分别盛入碗中。香菇泡温水30分钟，泡软后也切成最细的丁块，盛起。

2. 做肉馅时，将荸荠切成0.2厘米立方的细丁。青江菜放入滚水中烫30秒，取出剁碎。然后将荸荠、青江菜、姜、葱末一起和入肉末，加进胡椒粉$\frac{1}{2}$茶匙、鸡精1茶匙、盐1茶匙、酱油1大匙，揉和后，打进鸡蛋1个，再揉和5分钟，让肉馅充分入味。揉和时，可用手将肉馅往容器内壁轻摔，增加肉馅的弹性及黏合性。

3. 做白色烧卖皮时，拿籼米粉1杯、糯米粉$\frac{1}{2}$杯，徐徐加水$\frac{1}{4}$杯搓揉成粉团后，分出其中一半，放入滚水中煮2分钟，捞起沥干后，和另一半揉匀，拿碗覆住，不让风吹干。

4. 黄色皮的做法是：将南瓜削去皮，切成小丁，放进锅中，加水5杯，大火烧煮15分钟煮烂，捞起放入搅拌机中，加水$\frac{1}{2}$杯打1分钟就成金黄色的南瓜糊。将籼米粉$\frac{1}{4}$杯、糯米粉$\frac{1}{2}$杯，徐徐加入南瓜糊$\frac{1}{3}$杯搓揉成黄色粉团后，也分出一半煮熟，捞起和另一半揉匀，也拿碗覆住。

5. 绿色皮的做法是：将菠菜放入滚水中15秒烫熟，取出凉后剁碎，倒进搅拌机中，加水$\frac{1}{2}$杯搅打1分钟成绿色菜汁。将籼米粉$\frac{1}{4}$杯、糯米粉$\frac{1}{2}$杯，徐徐加入菠菜汁$\frac{2}{3}$杯搓揉成绿色粉团后，也分出一半煮熟，捞起和另一半揉匀，再拿一碗覆住。

6. 在台案上撒少许籼米粉、糯米粉，以免粉团粘

桌。取出各色粉团$\frac{1}{4}$部分，其余依旧用碗覆住，以免被风吹干。取出部分分别搓成直径2厘米的圆长条，再切成1厘米小段，每小段擀成直径7厘米的圆形薄片，这就是有色的烧卖皮了。

制作

1. 四喜烧卖最特殊的过程是包馅步骤。先在圆皮中央放肉馅1大匙，然后对折，中间压叠处捏合成长1厘米的褶边。

2. 两侧也向中央褶边靠合捏紧，没有捏合的地方就自然成了4个角耳。

3. 拿筷子在四耳中填放胡萝卜丁、黄萝卜丁、香菇丁、葱丁等四喜材料。四耳中所填材料各不相同，位置则无妨。填时要用筷子戳一戳，使耳中的馅饱实。填好后，将烧卖身子略为团一团，使其硬挺而不松垮。

4. 蒸笼内铺好泼湿的蒸笼布，将各色烧卖一个个摆入，摆时不要紧挤，蒸后才不会相粘。

5. 炒菜锅中煮滚水$\frac{1}{2}$锅，放上蒸笼，大火蒸10分钟，见皮质软韧鲜亮就是熟了，立即盛盘，否则蒸久了皮质会糊。

6. 其余粉团也以同法擀皮包馅，蒸出盛盘。

应用

四喜的材料不一定用这四味，也可以蛋皮、卷心菜、虾米、叉烧肉等代替。

四喜烧卖制作法

1. 烧卖皮中央放一大匙肉馅。

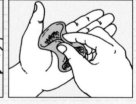

2. 将皮对合，中间叠压出一道褶边。

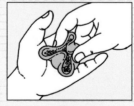

3. 两侧也向中央褶边靠合，空出四个角耳。

4. 修好角耳，分别在耳中堆放四喜材料。

天然的植物色素

现代人渍染食物时，往往采用化学色素，忽略了许多蔬果就是最优良的、有营养的天然染色剂。例如金黄色的南瓜，饱含维生素A及淀粉，可

辅助治疗糖尿病、肾病；翠绿色的菠菜，铁质及维生素A、C含量都是菜蔬之冠；淡青色的豌豆仁、鲜橙色的胡萝卜、嫩黄色的番薯都富含各种养分，对身体有益。这些自然界最真朴的食物，也是最原

始、健康的色素来源，应用起来极为方便，比如要将米饭或粉粒染上颜色时，只需选取蔬果切碎，加少许水捣成泥或打成汁，和入米饭或粉粒中拌和，很快，就可以看见它们着上一件鲜亮的彩衣。

右图为四喜烧卖

红龟粿

成品数量　4个

中国人
喜爱吉祥图样
做糕饼时
如果有模子
也可使糕饼变龙化凤
成龟作鹤
刻制传统木模
有手艺高超的匠人
如今已不得多见
现代人
为图方便
已开始改用塑料模
或不锈钢模
无论哪一种模
都能使节庆糕点
更富变化和吉祥气息

材料	馅料
	红豆300克
圆糯米600克	白砂糖370克
黄砂糖1杯	麦芽糖80克
食用红色素⅛茶匙	油⅜杯
美人蕉叶4张，芭蕉叶亦可	**特殊工具**
油少许	龟形粿模1个

准备

1. 先要洗出豆沙。将红豆洗净，泡过一夜，加水3杯置电饭锅内，煮至软烂开花。待凉后，用手搓烂红豆，尽量搓出沙来，再拿一个铝质筛盆架在深锅上，将豆沙连汁滤进锅中，盆上的皮渣再以清水淋冲，边冲边用手搓，将剩余豆沙洗下锅。去除皮渣，把豆沙水倒进纱布袋里，挤去水分，袋中所剩的就是纯豆沙。
2. 再炒豆沙馅。将油⅜杯倒进炒菜锅，放麦芽糖80克、白糖370克，中火熬煮5分钟，倾下豆沙，慢炒30分钟即成。
3. 糯米浸泡3小时后参考122页打成米浆，脱水成粿粉团。
4. 将美人蕉叶擦洗干净。

制作

1. 将红色素⅛茶匙、黄砂糖1杯、水¼杯拌入粿粉团中，用力搓揉，将粿粉团揉成光滑均匀的粉红色粉团。
2. 把粉红色粿粉团分成5厘米立方大小数块，每块以掌心搓成圆团，再按成中间有浅凹的圆皮，舀红豆沙馅1大匙放入浅凹中，然后收口包住豆沙馅，将粉团揉圆。
3. 在粿模上刷一层油，把包好的粉团放在模子上，慢慢按扁，使其盖满模子，盖好后覆上一张抹过油的美人蕉叶，将粉团倒扣出来，即成印有吉祥图案的红龟粿。多余的叶缘以剪刀修齐。
4. 炒菜锅盛水½锅，架上蒸笼，笼内铺好湿蒸笼布，开中火将水煮沸，把垫有叶子的粉团放入蒸笼，盖上笼盖，蒸10分钟，用筷子戳一戳粿，不沾筷即表示可以食用了。

应用

除了红龟粿，吉祥红粿还有很多种。

红桃粿

这是年节、寿诞时常做的粿。将包馅的粉团捏成桃形，按压入桃形模中，以同法取出蒸熟即可。

连钱·圆

这是正月初九天公生日，信民用以敬天的红粿。连钱是将包好馅的粉团捏塑成长椭圆形，按压入长椭圆形的钱串模中，取出蒸熟即成。圆，又叫乳丁，是将包馅的粉团揉成直径5厘米的圆团，面上中央加一粒小圆团，做成乳房形，蒸熟即成。

红龟粿制作法

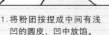

1. 将粉团按捏成中间有浅凹的圆皮，凹中放馅。

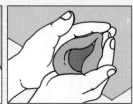

2. 粉皮向中心收拢合口，包住馅料，成椭圆形。

3. 模内搽油，以免粉团放入后粘模。

4. 粉团放模内慢慢按扁，盖满模子。

5. 覆上一张抹过油的美人蕉叶。

6. 将粉团倒扣出来，就是一块印了图案的红粿。

吉祥模

刻糕粿模子的技艺在民间源远流长。岁时节庆，中国人都喜欢做些特别的糕粿米食。平凡的糕粿一旦经过刻有吉祥图案的木模压印，顿时成龟作鹤，变龙化凤，为岁时节庆平添众多吉祥口彩。

吉祥图案中最常见的便是象征长寿的龟了。闽台地区的一些传统家庭还备有压印红龟粿的木模，得以做出一只只美丽的红龟粿来。龟之外，还有

龙、凤、麒麟、仙鹤、鸳鸯等灵兽仙禽图案，水族中的鲫鱼、鲤鱼、鲢鱼、龙虾等，代表丰足有余的意义。

四季花果植物里，桃子是最受欢迎的，有长桃、圆桃，是神人寿诞不可缺少的图形。另外还有佛手、石榴、灵芝、葫芦，及岁寒三友——松、竹、梅等。

此外还有如意、扇子、连钱、长命锁等器物图案，福、禄、寿、喜、财等文字图案。还有直接把图画印在糕点上面

的，如订婚状元糕上的状元跨马图，更有直接做成乳房形的圆，象征配天的母德，是一种含意甚高的吉祥米食。种种吉祥图案琳琅满目地印在米食上，道出了中国人祈求圆满人生的心愿。

仔细欣赏你会发现，供人压制糕粿的木模不仅是工具，更是雕工细致的民间艺术品。如左图华南地区最常见的龟模，竟在上下左右各面分别刻有龟、桃和连钱，可让人压印各式吉祥米食，这真是灵巧的设计！

下图为台湾杨梅圆醮，当地人将红桃粿堆成塔形送到庙里献祭神明

红桃粿，红龟粿
是客家人及闽南人
年节时敬神祭祖
很重要的米食
如果家中备有粿模
自己动手
做桃制龟
即使在非节庆的日子
家人也可以
享受这项美味米食了

上图中，下方长圆形的是红龟粿，上方是红桃和钱串形的连钱

嗨呵！嗨呵！
台湾山地原住民
用木杵用力舂制
传统的麻糍
眼看着
一粒粒的熟糯米
逐渐形成糊状
辛苦没有白费！
将米饭舂成麻糍
应是
麻糍最古老的做法
滋味与粉制麻糍
大异其趣

台湾屏东原住民舂捣麻糍的情形

麻糍

成品数量　8人份

材料	花生粉2杯
	黄砂糖2杯

圆糯米600克

制作

1. 糯米洗净，浸泡3小时后，参照122页打成米浆，脱水成粿粉团。

2. 将粿粉团分成直径4厘米的团子若干块，用手按压成扁圆形，放入滚水中，以中火煮15分钟。见糕团浮起，以一根筷子试插，如筷上不沾白粉末，即表示糕团已熟，捞起沥干，倒入盆中。

3. 取一木杵或擀面杖大力舂搅糕团，使其复为一大团，搅20分钟至十分均匀即可。

4. 将花生粉2杯以及黄砂糖2杯拌和，摊在平盘上。

5. 手上蘸少许冷水，以免糕团粘手，抓起一把糕团，用手的虎口挤出一块块麻糍，置于花生糖粉上。吃时用筷子撑开麻糍，再裹入花生糖粉，味极软腻。

应用

麻糍的做法有许多种，除了上述做法以外，将米

以水磨法磨制成粿粉团后，分成数块，改用蒸笼蒸熟，同样可以捣成麻糍。比较古老的做法则是直接将糯米蒸熟，再舂捣成麻糍，又可称之为"糍粑"。比较起来，水煮的麻糍水分多，且口感较软，粿粉蒸制的次之，而以米饭做成的较为干硬。

炸糍粑

两湖地方的炸糍粑不但出名而且好吃，做法是

把熟的糯米糊搅拌均匀，才能做出好吃的麻糍

将糯米1杯洗净泡3小时，放入电饭锅中，加水刚盖过米面，蒸熟后，锅中加水⅛杯搅拌，续蒸一次。蒸好再加炒熟的白芝麻少许，用木杵捣烂，平铺于底层撒有淀粉的铁盘上，放入冰箱冷冻室中。冻硬之后，取出切成长6厘米、宽5厘米、厚0.8厘米的薄片，两面先沾上少许淀粉，以免相粘，然后放入以打散的鸡蛋1个、淀粉1大匙、面粉1大匙、色拉油少许调匀的蛋浆中蘸滚一下，

随即放入热油锅中，以小火炸至蛋衣金黄泡起即可取出沥油，放在盘中，上撒白砂糖少许，盘边以刻花的水果蔬菜作为装饰，即可上桌。

姜糖麻糍

去皮老姜2块约40克，切成厚2厘米的姜块，加水5杯以中火熬煮30分钟成姜汤，趁热化入糖1杯，分盛于碗中，加上一大块麻糍，上撒少许碎花生米，便是严冬垫饥驱寒最好的点心。

农村里
人们用棒
搅拌陶钵里的糯米糊
越拌黏韧度越高
最后，便可以捏成
一团团的麻糍
这是乡村
用粿粉做麻糍的方法
农忙的时节他们常以
红糖姜汤麻糍作为
增补体力的米食

湖北的炸糍粑

147

合兴糕团店做金团用的木模

合兴金团

金团，为宁波地区
包黄豆馅的麻糍
外边滚上薄薄一层
金黄色的松花粉
再用木模压制成形
金团不仅
皮韧馅香，松花粉
更有清凉润肺的功效

成品数量　6人份

材料	馅料
	黄豆1$\frac{1}{2}$杯
圆糯米1杯	猪油1杯
粳米1$\frac{1}{2}$杯	黄砂糖1杯
松花粉100克	**特殊工具**
油少许	刻花木模1个

准备

1. 黄豆洗净，泡水一夜后沥干，放入炒菜锅中，用中火干炒40分钟至熟。然后参照122页放入搅拌机中打成细粉，再用筛子筛去皮壳。

2. 将筛过的黄豆粉倒入炒菜锅中，加水1杯，以大火炒至水干即盛出。

3. 中火烧热炒菜锅，放入猪油1杯，转小火续加炒干的黄豆粉及黄砂糖1杯，炒10分钟后，至糖、油化入黄豆粉中即可盛出，待凉后揉成一个个直径3.5厘米的小团，作为馅心。

4. 将松花粉100克铺在一个大盘上。

5. 洗净糯米、粳米，浸泡3小时后，参照122页打成米浆，脱水成粿粉团，搓碎后用筛子筛细，均匀铺撒在垫有湿蒸笼布的蒸笼中。

制作

1. 在与蒸笼口径同大的锅中，以大火煮滚水$\frac{2}{3}$锅，放上铺有粿粉的蒸笼，盖紧笼盖蒸30分钟，见粉末熟透，即拿下蒸笼，将蒸好的粉倒于盆中。

2. 取一木杵或擀面杖舂打粉团百来下，再趁热以手大力揉搓，使粉团均匀紧密，唯手上须蘸少许油，以免粉团粘手。

3. 将粉团分成10个均等的圆团，再把圆团按成中间有浅凹的圆皮，包入一个黄豆沙馅心，再收口捏成圆团，放在松花粉上滚一滚，沾裹上一层金黄色的粉，然后放在木模中，按压出图纹，再翻扣出来，即成皮韧馅香、滋味独特的金团。

合兴金团制作法

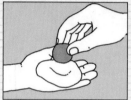
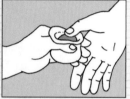

1. 糕团捏按成中间有浅凹的圆皮，凹中放馅。

2. 左手虎口围住圆团，右手大拇指按住馅心。

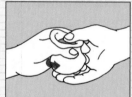
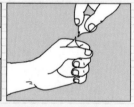

3. 右手四指转动团身，使其合口。

4. 合口后将口上多余的糕团摘掉，再加以搓圆。

5. 做好的团子在松花粉上滚一滚，裹上一层粉。

6. 放进木模中按压图纹后，翻扣出来即成。

宁波青团

成品数量　6人份

材料	油少许
	馅料
圆糯米1杯	红豆300克
粳米1$\frac{1}{2}$杯	白砂糖370克
艾草150克	麦芽糖80克
食用碱粉$\frac{1}{2}$茶匙	油$\frac{1}{3}$杯

准备

1. 参照144页红龟粿的馅料做法，做出红豆沙馅，揉出10个直径3.5厘米的小团作为馅心。

2. 新鲜艾草只取艾叶，晾干半天后，放入滚水½锅中，加入碱粉⅛茶匙，煮3分钟即捞出过冷水，再挤干剁碎。

3. 洗净糯米、粳米，浸泡3小时后，参照122页打成米浆，脱水成粿粉团，揉碎后用筛子筛细，然后均匀铺撒在垫有湿蒸笼布的蒸笼中。

制作

1. 在与蒸笼口径同大的锅中，煮滚水⅔锅，坐上铺有粿粉的蒸笼，盖严笼盖，大火蒸30分钟，见粉末熟透，即取下蒸笼，把蒸好的粉倒于盆中。

2. 用木杵或擀面杖舂打粉团，并加入剁碎的艾叶，舂百来下，至艾叶末均匀和入粉团，趁热再以手力揉和紧实，但手上须先蘸少许油，以免粉团粘手。

3. 将粉团分成10块等大的圆团，再按成中间有浅凹的圆皮，放入一个红豆沙馅心，收口捏搓至圆，稍微按扁即成青团。

要诀

煮艾草时加入碱粉、过冷水，一方面去艾草的苦味，另一方面也可保持艾草的青绿。

应用

艾草粿·鼠曲粿

闽台地区每到清明节，多以艾草或鼠曲草和入糯米粿粉中，做出清香爽口的青草粿。只需将圆糯米600克参照122页做成粿粉团，拌入煮过捣烂的艾草或鼠曲草80克及黄砂糖1杯，做成外皮。

馅料则以油2大匙，中火炒萝卜干丁80克、虾皮1杯，加上盐1½茶匙、胡椒粉1茶匙调味即成。再参考144页红龟粿的包法、压模法和蒸法，即可做出印有吉祥图纹的青草粿了。

芥菜粑

在湖南地区，亦有以当令青菜替代艾草做成菜粑，以为清明祭祖的食品。芥菜粑即是其中一种。将芥菜600克切去叶梗和有筋络的菜心，放入加盐1大匙的滚水中，烫1分钟，捞出过冷水，再切碎放入搅拌机中加水2杯打3分钟成菜汁，另以纱布挤去水分。然后洗净圆糯米1杯，加水1杯置于电饭锅内，蒸熟后，倒入芥菜末，用木杵或擀面杖捣拌，直到米菜成均匀的糊状，看不见完整的米粒即止。双手蘸油少许，用虎口把大团的芥菜粑挤断成掌心大的小团，冷食、油煎均佳。

清明，是中国人踏青扫墓的重要节令这时候以艾草混入粉团做成深绿色的团子来祭祖，就使得清明节的气氛格外浓郁了在这里我们教你做宁波、闽台及湖南的清明团子

宁波青团

粉团里和入艾叶末就变成一团碧绿

圆仔甜汤

见圆仔一颗颗浮起水面即是熟了，捞到甜汤锅中，再煮1分钟，即可盛碗食用。

应用

除了甜汤外，圆仔还可以做出别种好吃的汤点。

红豆圆仔汤

红豆300克洗净，泡3小时后沥干，加水8杯，盖锅以大火煮滚，改小火熬1小时，即下白砂糖1杯及圆仔，煮5分钟，见圆仔浮起，即可盛出。

水果圆仔

先将水果罐头2罐放入冰箱冷藏，再将圆仔煮熟捞起待冷，一起倒入碗中即可趁凉食用。

圆仔咸汤

大火烧热油1茶匙，爆香红葱末1茶匙，再下虾米1茶匙略炒，加入水6杯。水滚后下圆仔，煮至圆仔浮起，即加盐$\frac{1}{2}$茶匙、鸡精$\frac{1}{4}$茶匙，放入洗净的茼蒿8棵略煮一下，即可熄火盛出。

薄脆元宵

成品数量　4人份

材料	板油600克
水磨糯米粉300克	芝麻脆饼1包约200克
	绵糖300克

准备

1. 板油先剥掉外面一层透明的皮膜，再将白色的肥油撕下来，一边去筋，一边撕成小块。

2. 将撕成的小块放入大碗内，再加绵糖150克拌和均匀，然后用手压紧，放入冰箱冷藏3～5天，让绵糖渍透板油。

制作

1. 将冰硬的板油分捏成十数个直径1.5厘米的小团，外团裹一层备好的芝麻饼末，用手按捏紧密成馅球，一个个排放浅盘上，再放入冰箱冷藏2～3小时，使其硬实。

2. 把芝麻脆饼放在干净的桌案上，用擀面杖或空汽水瓶先大略压碎，再擀碾成细末。陆续添入

圆仔甜汤

成品数量　6人份

团圆美满
是中国人心目中
最大的幸福
岁时节庆中，把具有
神圣意味的米食
做成圆形的
圆仔或汤圆
人们每吃下一个
便等于吞下
一份对圆满人生
的祝福

材料	黄砂糖370克
	食用红色素$\frac{1}{16}$茶匙
圆糯米300克	

准备

糯米浸泡3小时后，参考122页打成米浆，脱水成粿粉团。

制作

1. 将水$\frac{1}{4}$杯徐徐掺入粿粉团，揉匀至不会干裂，并将其分为两半，一半备用，一半掺进红色素和匀。将红、白两种粿粉团分别搓成数条直径1.5厘米的圆长条，再分成长1厘米的小段，每一段放置两掌心中间搓成小球，即为圆仔。

2. 锅中煮滚水8杯，放入砂糖370克，煮化即成甜汤。

3. 另外煮滚水$\frac{1}{2}$锅，放入圆仔，大火煮5分钟，

团圆美满的汤圆

　　每年打从正月十五元宵节开始，往下的半年节、七夕、冬至、送灶再到过年，象征着团圆美满的汤圆一直是最常见、最普遍的岁时节庆米食。

　　汤圆不但种类多，做法也有好几种。性情豪放、做事利爽的北方人，他们的汤圆是"滚"出来的。怎么滚呢？只要把沾过水的馅球，放在满是糯米粉的筛箩上，左摇右晃，沾裹上层层白粉，一口气就能

滚出数十个雪白滚圆的汤圆。

　　南方人温雅细致，做起汤圆来一个也不肯含糊。他们把掺过水的粉团，先搓捏成一块块小团，上面按出一个凹窝，放上馅心，像捏包子一样，慢慢儿收口捏合，再搓成圆润光滑的圆团。这种方式就叫作"包"汤圆。

　　汤圆馅甜咸俱好，甜的如豆沙、枣泥、芝麻、花生，咸的如椒盐、荠菜、咸肉馅，都很可口。此外吃法也是煮、炸两宜。

　　除了包馅的汤圆之外，还有一种不包馅的、模样小巧莹润的圆仔。

　　小圆仔通常有红的、白的两种，红的代表金，白的代表银，吃的时候放在甜香的糖水里，或与咸汤同煮，味美十分。这小小的圆仔除了在岁时节庆中不时露脸之外，平时小孩满月、做四月日，甚至儿女嫁娶，凡是有喜事的场合都少不了它！由此可知，浑圆饱满的汤圆，在中国人的心目中，正是团圆美满的吉利象征呢！

绵糖150克和冷水一起拌和，调至可用手成块
捏起，需水约3大匙。

3. 糯米粉用温水1杯调和，揉成粉团。如仍觉得
干裂，可再陆续酌添温水。然后揉成一直径3
厘米的圆长条，再分成长3厘米的小段，将小
段搓成团后，在团上按出一个凹窝，包入一粒
馅球，再包合起来搓圆。参考152页芝麻汤圆
包法图解，将所有元宵包好之后，就可准备下
锅了。

4. 锅中放水½锅，以大火煮沸，放下元宵，用汤
勺略加搅动使不粘底，改小火煮至元宵浮在水
面缓缓翻滚，即可盛起供食。

要诀

1. 板油最好选中间呈厚板状的部分，油较肥厚且
筋较少，容易剥离。

2. 芝麻脆饼越酥脆越好。

3. 煮元宵要用小火慢慢"养"，煮至里面的板油
全部溶化，才算成功。

薄脆元宵馅制作法

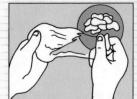

1. 板油剥掉皮膜，除了筋皮，撕成小丁。

2. 加糖后用手压紧，放入冰箱浸渍3~5天。

3. 取出加了糖的板油，搓揉成一颗颗小团。

4. 用擀面杖将每块芝麻脆饼碾成细末。

江浙一带的
薄脆元宵
利用香脆的麻饼和
糖腌猪油为馅
做出个头硕大的元宵
咬一口热元宵
腴美的油汁
混合饼屑流淌而出
风味独具

5. 徐徐加水调入饼末，使成块状。

6. 板油团外裹饼块，按捏紧密，做成馅心。

上图左方的薄脆元宵是将右上方的芝麻脆饼碎末，裹在中下方的板油小球外成为中上方的芝麻板油球，再包入右下方糯米粉做的外皮而成

芝麻汤圆

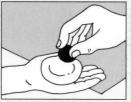
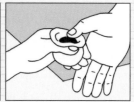

1.搓好的团上按出一个凹
窝，凹中放入馅球。

2.左手虎口圈住圆团，右
手大拇指按住馅心。

3.右手四指转动团身，使
凹窝合口。

4.合口后将口上多余的粉
团摘掉，再加以搓圆。

芝麻汤圆

成品数量　8人份

材料	馅料
	黑芝麻粉2杯
糯米300克	绵糖⅔杯
	猪油1杯

准备

1. 糯米洗净，浸泡3小时后，参照122页打成米
浆，脱水成粿粉团。

2. 将馅料拌和，捏成直径2厘米的馅球。

制作

1. 在粿粉团中徐徐加水¼杯，揉和到不干裂为
止。将其搓成数条直径2厘米的圆长条，再分
成长2厘米的小段。

2. 将每一小段揉成圆团，在圆团上按出一个凹
窝，将馅球放入凹窝中，再收口揉成圆团，即
是汤圆。

3. 炒菜锅盛水½锅，以中火将水煮滚，放入汤圆
煮5分钟，汤圆浮起水面，即可盛起食用。

要诀

汤圆一下锅，可用锅铲背面或筷子在锅中搅动一
下，以免粘锅。

应用

甜汤圆除了包芝麻馅外，还可以花生或红豆沙
为馅。

蒸丸子
和煮汤圆的味道
又有不同
把一个个咸什锦丸子
排在粽叶上
蒸出来粉白透亮
团团端坐
朴素又可爱

粽叶什锦糯米丸

成品数量　8人份

材料	鸡胸肉100克
	猪肉末300克
水磨糯米粉2杯	葱1根，切成细末
粽叶10张	去皮老姜6片，切成细末
馅料	米酒1大匙
干冬菇5朵	淀粉½大匙
虾米3大匙	油⅓锅
冬笋½支约80克	盐¼茶匙
胡萝卜½根约80克	鸡精½茶匙
金华火腿80克	**腌料**
洋火腿80克	米酒1茶匙
腊肠2条	淀粉1茶匙

准备

1. 冬菇、虾米分别以温水浸泡30分钟。

2. 冬笋去壳后，对半切开，放入锅中加水淹过，
以中火煮至大滚，去其生味后，捞出待凉。

3. 将冬菇去蒂、胡萝卜去皮后与虾米、冬笋、金
华火腿、洋火腿、腊肠同样切0.3厘米立方的
小丁。

4. 鸡胸肉也切0.3厘米立方的丁块，加入米酒1
茶匙、淀粉1茶匙腌20分钟。

5. 将肉末再剁细。

6. 炒馅料时，先以大火烧热炒菜锅，倒入油⅓锅，
油热后倒入冬菇、虾米、冬笋、胡萝卜、金华
火腿、洋火腿、腊肠、鸡肉，用铲子翻搅2分
钟，捞起沥去油汁。锅中仅留油1大匙，大火
烧热，加入葱末与酒1大匙爆香，随即倾下刚
才过油的馅料和未过油的肉末，并加盐¼茶

右图为一甜一咸的粽叶糯米丸

驴打滚
这道米食的名字
真是有趣
原来它是一种
馅料特殊的糯米丸子
煮熟后
捞至花生糖粉中
打个滚
沾上一身
均匀的黄粉
这就成了驴打滚了

匙、鸡精½茶匙及淀粉½大匙拌炒后盛出。

7. 粽叶放入水中煮10分钟后捞出，以去生味，也使粽叶不易碎裂。

制作

1. 锅中加水¼杯，加入水磨糯米粉1½大匙，一边以筷子搅和，一边用小火煮。煮开即倒出与剩余的水磨糯米粉及水¾杯一起拌和，用手揉匀，分成一个个直径3.5厘米的圆团。参照152页芝麻汤圆包法图解，在团上捏出凹窝，填入什锦馅心1茶匙，再收口团成圆球，放在粽叶上。粽叶上的每个丸子须间隔2.5厘米，以免蒸后涨大相粘。

2. 在与蒸笼口径同大的锅中煮滚水½锅，坐上蒸笼，将粽叶丸子铺于蒸笼内，大火蒸10分钟即熟。上桌时，可依每粒丸子将粽叶分切开来，也可不切，整片粽叶一起上桌，绿叶白丸不但十分好看，吃起来更有粽叶的清香。

要诀

粽叶丸子必须趁热食用，否则凉了就不易与粽叶剥离了。

应用

粽叶芝麻糯米丸

粽叶丸子除了什锦肉馅外，也可改用黑芝麻甜馅。只需将炒熟碾碎的黑芝麻2杯与植物油1杯、白砂糖½杯拌匀即成。包成丸子时，须先将黑芝麻团成直径2厘米的馅心，以便于团裹。

外裹黄色糖粉的是驴打滚，外裹白色椰子糖粉的是椰丝糯米球

驴打滚

成品数量　8人份

材料	馅料
	花生粉2杯
水磨糯米粉2杯	金橘饼1个
花生粉2杯	白砂糖$\frac{2}{3}$杯
白砂糖1杯	猪油1杯

准备

1. 做花生馅，先将金橘饼切成极细的小丁，加入其余的馅料，揉匀成花生馅，再搓成一颗颗直径2厘米的小球，放入冰箱冷冻1～2小时冻实。

2. 把材料中的花生粉2杯、白砂糖1杯拌匀成花生糖粉，铺在大盘上。

制作

1. 取糯米粉1大匙放入碗中，冲进滚水$\frac{1}{5}$杯，搅和成黏熟的粉团。

2. 将这块熟粉团放到剩余的糯米粉里，加入冷水$\frac{4}{5}$杯，充分揉和成粉团。这一小块先烫熟的粉团可使整块粉团起发酵作用，并带黏性，下水煮时较容易熟。

3. 把粉团搓成直径3厘米的圆条，再断成3厘米长小段，每小段搓成圆团，参照152页芝麻汤圆包法图解，在团上按捏出凹洞，放入馅球，再收口将团子搓圆。

4. 炒菜锅里煮滚水$\frac{1}{2}$锅，把团子一颗颗放进去，以大火煮熟。煮时用锅铲搅动团子外围的水，使团子滚动不相粘，尽量不要搅到团子，以免碰破。

5. 5分钟后，团子一颗颗浮出水面，即表示熟了，拿漏勺捞起放在花生糖粉上，并让团子在糖粉中滚动，充分裹上一层粉后，就可以盛盘趁热吃了。

要诀

花生糖粉要多放些，才裹得均匀。

应用

如果以芝麻作为内馅，和外裹的花生糖粉一齐咬下，也很对味。

椰丝糯米球

成品数量　8人份

材料	馅料
	椰子粉2杯
水磨糯米粉2杯	板油150克
椰子粉2杯	绵糖1杯
白砂糖1杯	

准备

1. 做椰蓉馅，先将板油除去筋皮，切成极细的小丁，放绵糖1杯中腌渍1小时，再与椰子粉2杯揉和均匀，就可以搓成一颗颗直径2厘米的小球，放入冰箱冷冻1～2小时冻实。

2. 把材料中的椰子粉2杯、白砂糖1杯拌匀成椰子糖粉，铺在大盘上。

制作

1. 取糯米粉1大匙放入碗中，冲进滚水$\frac{1}{5}$杯，搅和成黏熟的粉团。

2. 将这块熟粉团放到剩余的糯米粉里，加入冷水

由于
糯米丸子本身的黏性
可以滚出不同的
颜色和滋味
像驴打滚
是黄色的花生粉
椰丝糯米球
则布满了
雪白喷香的椰子粉
咬嚼起来
一股浓郁的椰子气息

$\frac{1}{3}$ 杯，充分揉和成粉团。这一小块先烫熟的粉团，可使整块粉团起发酵作用，并带黏性，下水煮时较容易熟。

3. 把粉团搓成直径3厘米的圆条，再断成3厘米长小段，每小段搓成圆团，参照152页芝麻汤圆包法图解，在团上按捏出凹洞，放入馅球，再收口将团子搓圆。

4. 炒菜锅中煮滚水$\frac{1}{2}$锅，把团子一颗颗放进去以大火煮熟，煮时用锅铲搅动团子外围的水，使团子滚动不相粘。

5. 5分钟后，团子一颗颗浮出水面，就是熟了，拿漏勺捞起，放在椰子糖粉中滚动沾裹，成为浑圆雪白的椰丝糯米球。

芝麻糯米饼

芝麻糯米饼

成品数量　8人份

材料	
	油4大匙
	馅料
水磨糯米粉2$\frac{1}{2}$杯	黑芝麻粉2杯
黑芝麻1杯	白砂糖$\frac{3}{4}$杯
白芝麻1杯	猪油1杯

准备

1. 将馅料和匀成芝麻馅，再搓成直径2厘米的小球，放入冰箱冷冻1～2小时冻实。

2. 将黑芝麻1杯、白芝麻1杯、糯米粉$\frac{1}{2}$杯分别倒在3个盘子里。

制作

1. 在糯米粉2杯中，先取出1大匙放入碗中，冲进滚水$\frac{1}{3}$杯，和成黏熟的粉团。再将这块熟粉团放到剩余的糯米粉里，加入冷水$\frac{3}{5}$杯，充分

揉和成粉团。

2. 把粉团揉成直径3厘米的圆条，再断成3厘米长小段，每小段搓成圆团，参照152页芝麻汤圆包法图解，在团子上按出凹洞放入馅球，再收口将团子搓圆。

3. 把圆团压扁成厚1厘米的圆饼，上、下两饼面分别在黑、白芝麻盘里轻压，使圆饼一面沾满黑芝麻，一面沾满白芝麻。

4. 饼的侧面部分则在糯米粉$\frac{1}{2}$杯中滚过一圈，再一个个列在盘中。滚过粉的饼，相靠时才不会相粘。

5. 平底锅里烧热油2大匙，取半数圆饼摆入平锅内，中火煎熟。煎时不停摇晃煎锅，使饼不致粘住锅底。2分钟后，见饼面转黄并微微胀起，即翻面再煎，再过2分钟后煎熟了，取出。另半数圆饼也同法煎起，趁热食用，甜软而不腻。

6. 如果有烤箱，可再放烤箱中低温烘烤5分钟，饼会更熟透而香酥。但不要烤久，否则把油烤化了，饼面一塌就不美观了。

荸荠饼

成品数量　6人份

材料	
	油$\frac{1}{2}$锅
	淋汁
水磨籼米粉$\frac{4}{5}$杯	白砂糖$\frac{1}{2}$杯
荸荠1500克	淀粉1大匙
红豆沙馅300克	

准备

荸荠去皮，而后在大碗上架放擦床，用手将荸荠在擦床上来回磨成碎渣，再将渣里的荸荠汁挤在碗中备用。荸荠渣则与籼米粉$\frac{1}{2}$杯和匀。

制作

1. 将豆沙揉成一个个直径1厘米的小团。

2. 舀起与籼米粉拌匀的荸荠粉渣1大匙放在掌心，加上一个豆沙馅心，再盖上荸荠粉渣1茶匙，用手揉成直径3.5厘米的圆团。

3. 大火烧热油$\frac{1}{2}$锅，转中火，将做好的荸荠粉团沿锅边一个个放入油中，不停地用锅铲翻动，炸1分30秒，见其变成金黄色，即捞出沥去油分，并将荸荠团用铲子稍微按扁，即成荸荠饼。

4. 取荸荠汁1杯，加上水$\frac{1}{2}$杯及白砂糖$\frac{1}{2}$杯倒于另一锅中，以大火煮滚，再将淀粉1大匙与水2大匙和匀后，徐徐倒入汤汁中勾芡，见汤汁微稠即止，盛于小碟中。吃时，夹起荸荠饼微蘸一些荸荠糖汁，更添甜香。

荸荠饼
米香加上荸荠
清甜的香味
形成这道令人难忘的
好点心。用荸荠时
先把荸荠在
擦床上磨成碎渣
挤出汁液
如此
荸荠和入籼米粉中
做饼，汁液与糖
煮成蘸汁
夹一个荸荠饼
蘸一下荸荠汁
滋味无穷

上图中右方的荸荠饼是用上方的荸荠磨成渣，和入籼米粉做外皮；如图中左方
炸好后要稍微按扁，吃时可蘸下方小碟中的荸荠糖汁

炸元宵

成品数量　6人份

材料

水磨糯米粉600克
油6杯

馅料

黑芝麻粉3大匙
绵糖3大匙
油1½大匙

准备

1.将馅料和匀，搓成12个直径2厘米的小球。

制作

炒菜锅中烧热油6杯，转小火，将元宵轻轻放

2.竹箩上铺好糯米粉。

3.准备水¾锅置于一旁。

4.将馅球置于漏勺上，先过水5秒，立即捞起放在竹箩上，两手抓住竹箩，以圆形旋转方式顺同一方向摇动。

5.馅球裹一层粉后，再度过水，捞起继续摇动竹箩，裹第二层粉，此步骤总共做5次，即可做出12个直径3.5厘米的生元宵。

做元宵时
南方人用"包"
北方人用"滚"
包一次只能包一个
滚就可以同时
滚出几十个
看这个大竹箩上
馅丸不住滚动
一堆元宵
就渐渐粘粉长胖了

元宵节时如上图般滚出来的元宵，可做成左图的炸元宵和左上图的煮元宵

158

入，不时用筷子翻炸，使元宵周身炸匀。如此炸5分钟，至表皮金黄即可捞起，沥去油汁便可盛盘食用。

应用

元宵除了炸着吃以外，更常见的吃法是用水煮，滋味亦佳。

煮元宵

烧开水$\frac{3}{4}$锅，将元宵放入，10分钟后见元宵浮起，颜色润熟，连汤捞起食用。也可撒入桂花少许同煮，增添香气。

煎堆

煎堆

成品数量　6人份

材料	
	油5杯
	馅料
水磨糯米粉1杯	花生粉3大匙
绵糖$\frac{1}{4}$杯	绵糖3大匙
白芝麻1杯	油1$\frac{1}{2}$大匙

准备

1.将馅料混合揉匀，再搓成一个个直径2厘米的小馅球，约可做成12个。

2.糯米粉与绵糖$\frac{1}{4}$杯、水$\frac{1}{4}$杯拌匀，搓揉成均匀光滑的粉团，再分成12个小粉团。

3.参照152页芝麻汤圆包法图解，将每个粉团搓圆，再按出一个凹窝，放入一个馅球，然后收口搓揉至圆。

4.取一平盘，倒上白芝麻，将搓好的粉团滚上白芝麻。

制作

炒菜锅中烧热油5杯，将沾满白芝麻的粉团放入，以中火炸5分钟，不时用锅铲翻动，炸至表皮金黄胀大成为煎堆时即可捞起。

要诀

1.煎堆下锅炸时容易焦黑，所以要用锅铲不断翻动。

2.炸时若表面有暴起现象，则用锅铲轻戳煎堆几下，让空气透出，可保球身圆好。

在街上
我们常看见
卖煎堆的小贩
其实
做煎堆一点也不难
家中很快
就可以做出一大盘
在馅料方面
更可以别出心裁
自由制作甜咸馅心
别忘了
连水果都可
用米来做煎堆呢

水果煎堆

法图解，按出凹窝，放入冻硬的馅料后收口搓圆，在平盘内滚上白芝麻。

3. 炒菜锅中烧热油5杯，将滚上白芝麻的粉团轻轻放入油内以中火炸成煎堆。炸时不停地用锅铲翻动，5分钟后球略胀大，皮色呈金黄，即可沥起热食。

九层糕

成品数量　1笼

材料

	冬瓜茶糖600克，黄砂糖亦可
	熟油1杯
籼米600克	白芝麻20克
澄面80克	

准备

1. 籼米浸泡3小时后沥干，加水$3\frac{1}{2}$杯，参照122页打成米浆，再加澄面80克一起搅匀。

2. 冬瓜茶糖倒入锅中，加水3杯，不盖锅盖，以小火熬25分钟，至其完全化为糖水，用筛网过滤后，倒入米浆中。再加熟油$\frac{3}{4}$杯，不停搅拌，使糖水、油与米浆均匀调和。

3. 白芝麻倒入炒菜锅中，小火快炒数下即离火翻炒，见芝麻微黄、香味炒出即可盛出。

制作

1. 在直径30厘米的圆形铝盆中抹上一层熟油。

2. 在与蒸笼口径同大的锅中煮滚水$\frac{2}{3}$锅，放上蒸笼，放入铝盆，盖上笼盖焖3分钟，将铝盆蒸热。随即倒入米浆$1\frac{1}{2}$杯，使其薄薄地、均匀地铺满盆底。再盖严笼盖蒸7分钟，见底层已熟，再倾入米浆$1\frac{1}{2}$杯，继续蒸7分钟。重复这一步骤，直至米浆全部倒完，再蒸10分钟至最上一层完全熟透，即可熄火取出，并在糕面撒上白芝麻。

3. 将九层糕静置稍凉，以利刀切成长宽5厘米的菱形块，即可当点心吃。若是暑天，可放入冰箱中冰凉再食用。

要诀

1. "九"在中国人的观念中意味着多数，所以九层糕也就是多层糕的意思，并不限定是九层，或多或少皆可。广东人过年时常吃这种糕点，以讨得步步高升的吉祥口彩。

2. 和入米浆中的油不限是植物油或动物油，但必须是熟油，以免蒸出来的糕有生油味。

3. 为使每一层厚薄均匀，先要将蒸笼放得平稳不要倾斜，而且每一次倒入的米浆应是一样的分量，这样蒸出来的糕就会层次分明而精致。

水果煎堆

成品数量　6人份

材料

	油5杯
	馅料
水磨糯米粉1杯	红豆沙馅$\frac{1}{3}$杯
绵糖$\frac{1}{4}$杯	苹果1个
白芝麻1杯	香蕉1根

准备

1. 将豆沙馅搓成直径1厘米的长圆条，平均分为12块。

2. 苹果去皮，切出6个1.5厘米立方的丁块。香蕉也去皮，切出6个等大的丁块。

3. 红豆沙馅在掌中压成薄片，中央放一个苹果丁或香蕉丁裹起，搓成圆球，做成6个苹果馅球、6个香蕉馅球，放入冰箱冻硬。

4. 取一平盘，倒下白芝麻铺平。

制作

1. 糯米粉中和入绵糖$\frac{1}{4}$杯，再徐徐加水$\frac{4}{5}$杯，揉匀成粉团后，分成12小块。

2. 每小块粉团分别搓圆，参照152页芝麻汤圆包

九层糕，顾名思义
是层层堆叠
颇费功夫烹制的糕点
在这儿
利用清香的冬瓜糖水
混合籼米浆
一层层浇淋蒸制
做成晶莹多层
的九层糕，咬嚼起来
有瓜果的清香
又富层次感

右图为九层糕

条头糕

掌大的小粉团，放进滚水中，大火煮30分钟，糕团浮上水面后，用竹筷子挑起一个糕团看看，如果两侧软垂就是熟了，便可以一块块捞起放在大盘上。

4. 趁热用粗木棍将糕块搅打在一起，成一大块糕团。

5. 白砂糖150克铺在台板上，再把糕团铲在糖上，用手揉团，每揉压一次，就将糖卷进一分，这么慢慢将糖吃进糕里，糕才不会散开。揉时手上也要蘸些糖，才不会粘手，也不会烫手。

6. 糕上、手上、刀上、台板上遍抹麻油，手上又蘸糖隔热，将糕再度切成巴掌般大，用擀面杖擀成薄片，然后如图左右互叠包起来擀，连包3次擀3次将糕擀匀实，最后擀成宽4厘米、厚1厘米的长形糕块。

7. 将豆沙馅搓成直径1厘米的长圆条，铺在糕块中央，将糕卷起略拍一拍，由中央处向两端搓揉，将糕条搓长搓圆，成直径2厘米的长条。

8. 每条糕上均匀撒抹桂花，切成10厘米段即可。若用保鲜膜包起，两三天后仍旧软黏有劲。

要诀

卷红豆沙馅时，注意别将空气卷入，糕条搓长时才会粗细匀称。

条头糕

成品数量　20条

条头糕是
出名的江浙甜点
把熟糯米团做的薄片
卷豆沙条
搓揉成长条形
凉后食用
搓揉时
注意勿将空气卷入
方能做出形态匀长的
纤美条头糕

材料	馅料
	红豆300克
生糯米粉300克	白砂糖370克
白砂糖150克	麦芽糖80克
麻油½杯	油⅝杯
桂花1大匙	

准备

1. 先要洗出豆沙。红豆洗净，泡一夜沥干，加水3杯放入电饭锅中，煮至软烂开花，凉后，用双手搓烂红豆，尽量搓出沙来，再拿一个铝质筛盆架在深锅上，将豆沙连汁滤进锅中，再以清水淋冲盆上的皮渣，边冲边用手搓，将剩余豆沙洗下锅。去除皮渣，把豆沙水倒进纱布袋中，挤去水分，袋中所剩的就是纯豆沙。

2. 再炒红豆沙馅。将油⅝杯倒进炒菜锅中，放入麦芽糖80克、白糖370克，中火熬煮5分钟，倾下豆沙，慢炒30分钟即成。

制作

1. 糯米粉倒在干净的桌面上，中间拨空，成环形粉墙。

2. 热水1杯倒进中空地方，粉从墙头一层层推入水中，再慢慢收实，然后揉成带黏的粉团。

3. 煮一锅沸水，将粉团切成数块长、宽、厚如巴

条头糕制作法

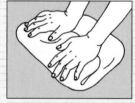

1. 糕团放糖上慢慢揉压，将糖卷入，再切小块。　2. 手上蘸糖隔热，将巴掌大糕块左右叠包起来。

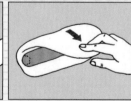

3. 拿抹油的擀面杖将糕擀薄，连叠3次擀3次。　4. 糕块中央铺入豆沙馅条，对折后捏合接口。

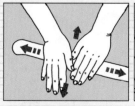

5. 由中央处向两端搓揉，将糕条搓长搓圆。　6. 把搓长的糕条并列，齐切成长段。

凉卷

成品数量　12卷

材料

生糯米粉300克
绵糖200克
薄荷油1大匙
麻油1大匙

拌料

黑芝麻粉1杯
白砂糖½杯

准备

先将拌料中的芝麻粉和糖拌匀，成芝麻糖粉，放在盘中。

制作

1. 糯米粉和绵糖200克拌过后，筛进盆里，倒下冷水1¼杯，顺同方向搅匀，直至看不见颗粒。
2. 取一个与蒸笼口径同大的深锅，煮滚水⅔锅，

形形色色的凉卷

粿粉发酵后
可以做出好吃的发糕
发糕在
中国粿粉米食中
的地位
有点像西洋的面包
是很家常的食品
经过特殊配料设计
发糕亦能产生
各色甜咸变化
是深具
发展潜力的粿粉米食

放上铺好湿蒸笼布的蒸笼，倒入米浆，盖紧笼盖，大火蒸20分钟，见糕色略转黄，便可戳入一根竹筷测试，如果不沾筷就表示熟了，取出待凉。

3.凉了后撕下蒸笼布，在手上、糕上、刀上都抹层麻油，将糕切成9大块，切时尽量维持长方体，再在糕块上沾满芝麻糖粉。

4.将糕块放在也撒满芝麻糖粉的台板上，用擀面杖擀成厚0.3厘米的长形薄片，面上搽一层麻油、一层薄荷油，再撒一层芝麻糖粉。

5.将糕卷成长条形，糕色黑白相间非常好看。卷时将接口处贴住台板，糕才不致松散，卷好再撒上芝麻糖粉，拿刀横切成2厘米小段，就可盛盘了。吃不完的用保鲜膜包起，两三天内仍可保持香软。

要诀
擀成薄片时，如果擀面杖上沾满粉擀不动，可翻面再擀，因为反面碾满了粉，不会粘棍。

应用
运用日常材料，不难变化出各种甜咸凉卷来。

椰子凉卷
拿椰子粉、椰子油替换芝麻粉、麻油即可。

花生凉卷
拿花生粉替换芝麻粉，擀好后于糕面涂抹一层花生酱，即可卷成香甜的花生凉卷。

紫菜蛋皮凉卷
这是咸口味的糕，在制糕时即以盐¼茶匙代替绵糖，并加进水1杯搅匀蒸成。擀时以麻油替换糖粉，也不加薄荷油，擀好铺上一层紫菜、一层蛋皮，即成了白黄黑三色凉卷。

凉卷制作法

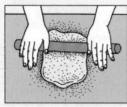
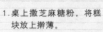
1.桌上撒芝麻糖粉，将糕块放上擀薄。

2.薄片上搽一层麻油、一层薄荷油、一层糖粉。

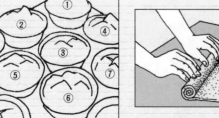
3.将糕卷成长条形。

4.为使糕条不散开，接口须在底部，卷好切块。

下面的简图
为右页各碗发糕的名称
①香蕉发糕 ②巧克力发糕
③咸发糕 ④草莓发糕
⑤糙米发糕 ⑥葡萄发糕
⑦柳橙发糕 ⑧白糖发糕
⑨柳橙发糕 ⑩核桃发糕

发糕
成品数量　3人份

材料	
	面粉80克
籼米300克	白砂糖¾杯，黄砂糖亦可
	发粉½大匙

准备
籼米洗净，浸泡一夜后沥干，加水1杯，参照122页搅打2分钟成米浆。

制作
1.取一个铝锅，先用干布将锅内擦干净，倒入米浆，并加面粉80克、白砂糖¾杯，以打蛋器用力搅打15分钟，再放发粉½大匙，继续打至米浆极为浓稠，搅拌略有困难，且有气泡出现才止。加盖置温暖处发1小时。

2.炒菜锅中注水½锅，大火烧滚后放入算子，搁上3个饭碗，盖锅蒸1分钟使碗温热，再倒入米浆至八分满即可。盖严锅盖，以大火蒸10分钟，再改中火蒸20分钟。掀盖时见糕已大发，糕面绽裂成数瓣，用竹筷插入，若不粘筷就表示好了。

要诀
搅拌米浆用的容器，必须擦得非常干净，不沾一点油水，才能使发糕绽开而好看。

应用
发糕除直接热食外，也可待冷后取出切片，用油煎了吃，十分美味。

香蕉发糕
在打米浆时，将香蕉1根折成数小段加入，其余材料、蒸法皆同。

巧克力发糕·果汁发糕
米浆依前述做法发好后，拌入巧克力粉½杯或柳橙、草莓、葡萄果汁粉½杯，葡萄的可再拌入葡萄干少许，蒸熟即成。

核桃发糕
米浆依前述做法发好后，加入核桃½杯，拌匀蒸熟即成。

咸发糕
米浆依前述做法发好后，拌入虾米1大匙、油葱酥2茶匙、0.5厘米立方的腊肉丁和胡萝卜丁各2大匙、盐和鸡精各1茶匙搅匀，蒸熟即成。

糙米发糕
发糕也可用糙米来做，唯糙米性质与籼米性质有别，黏性较大，不易绽裂，需酌量增加发粉。其余材料、做法皆同。

伦教糕

成品数量　1笼

伦教糕，原是
广东顺德区伦教乡民
创造出来的糕点
后传至广州
经大师傅精心发展
成为我们
今日习见的伦教糕
糕味清凉松爽
最适宜夏日食用

材料

籼米300克

白砂糖300克
酵母粉½大匙

准备

1. 籼米洗净，泡水3小时沥起，参照122页加水½杯，打成米浆。

2. 煮开水2杯，倒入白砂糖300克，趁水滚热冲入米浆，并要一边冲一边搅拌，使米浆成为半熟状态。

3. 酵母粉½大匙溶于温水2大匙中5分钟。

4. 米浆冷却后，调入酵母水略加搅拌，盖严发酵，见浆面起泡就表示发酵充分，夏天约需6小时，冬天约需10小时。

制作

1. 取一个与蒸笼口径同大的铝锅，烧滚水⅔锅。

2. 蒸笼内铺好湿蒸笼布，蒸布边长须有蒸笼口径的3倍长。把蒸笼置于水锅上，待蒸汽上扬，倒入米浆至六分笼高，笼上覆一方泼湿的蒸布，加盖以大火蒸25分钟即成。

3. 待糕凉后，撕去蒸布，切成三角形小块就可盛盘食用了。

伦教糕

水果干糕

成品数量　8人份

材料

熟糯米粉300克

熟粳米粉100克

草莓粉80克

奶油80克

奶粉20克

麦芽糖2大匙

绵糖370克

特殊工具

糕模1个，或刻花器、酒杯

等内壁光滑的广口容器

准备

做发酵糖，先将绵糖和冷开水$\frac{1}{4}$杯在罐子里和匀，盖紧发酵，大约7～10天后香味发了就可以拿来做糕。若要多做发酵糖的话，用6份糖加1份水的比例腌渍即成。

制作

1. 糯米粉300克、粳米粉100克和草莓粉80克、奶粉20克拌匀筛过。

2. 奶油80克用中火烘化，和进麦芽糖2大匙和发酵糖370克，调入粉中。调后迅速和粉抄匀，抄时手势由下往上，不要揉捏，不断抄松就可使糖化入粉中而不结块。

3. 拿擀面杖将糕粉略擀一擀，把小结粒擀散，再将略潮的糕粉筛细。

4. 糕粉倒入糕模或容器至满，并尽力压紧使糕身密实，然后提起模盖，将糕扣下，即可食用。其余糕粉也依同法做完。若一时吃不完，可拿玻璃纸将糕一一包好储存起来，作为日常茶食。冬天可保存一个月，夏天约15天不坏。

要诀

糕粉若不是倒入糕模，而是倒入刻花器或容器成形，最好预先在内壁搽抹奶油，较易扣出。

水果干糕制作法

1. 手势由下往上将糕粉抄匀，再擀一擀后筛细。

2. 将糕粉倒入模中压紧压平，使糕身密实。

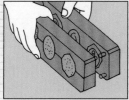

3. 取下由两爿拼合的模盖，糕已离模夹于盖中。

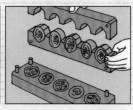

4. 笔直拿开上爿模盖，下爿扣倒桌上将糕扣出。

应用

也可以拿柳橙粉、葡萄粉等各种果汁粉取代草莓粉，制出其他口味的水果干糕。除了果汁粉外，豆类、干果类磨制成的熟粉，也可掺入拌和成另一种香醇干糕。

咖啡干糕

取咖啡粉80克代替草莓粉，即成咖啡干糕。

芝麻干糕

取筛细的黑芝麻粉80克代替草莓粉即成。

夹馅干糕

糕粉倒满模中后，以手指在粉中拨出一直径2厘米的凹洞，但不拨到底，凹洞中放入一粒红豆沙馅球或芝麻馅球，再撒上一层糕粉后，以手压实，即可提起模盖，扣出带馅的糕来。

台式的茶食干糕

在传统的制造基础上

加入了西式口味

如奶油、奶粉

果汁粉

使干糕产生了

更丰富的滋味变化

167

雪片糕

成品数量　8人份

材料

盐$\frac{1}{4}$茶匙

绵糖600克

熟糯米粉　　　　　　　面粉少许

麻油$\frac{1}{2}$杯

准备

绵糖600克，参照167页水果干糕中的发酵糖做法，做出发酵糖。

制作

1. 糯米粉与盐$\frac{1}{4}$茶匙和匀筛过。

2. 取发酵糖600克，和上麻油2大匙，调入糕粉中。调后立刻连粉抄匀，抄时手势由下往上，不要揉捏，糖才能化入粉中而又保持松度。

3. 拿擀面杖略擀一下糕粉，把小结粒擀散。擀散的粉再用细网筛细。

4. 取一个方形小铁盒，盒内搽满麻油，倒进糕粉，用铁片压紧刮平。

5. 炒菜锅内煮起热水，水面须大于铁盒面积，不必煮滚。把铁盒放在水上蒸5分钟，让糖充分溶进粉中，并使糕身结实，而不至于松散。蒸后将糕倒扣出来，切成四等份。

6. 4块大糕再放进一只大铁盒里，盒内须先撒上面粉少许。将铁盒放到热水上蒸5分钟，使每块糕的切面都能受水气，见糕身更紧密后取出。

7. 过五六个小时，糕硬实了，在刀上抹点麻油，把糕切成厚0.2厘米的薄片就可以了。蒸好的糕如果一时吃不完，还可以包好，储存一个月不坏，是很好的日常茶食。

要诀

蒸糕时，盒内须撒些面粉，蒸后才不会粘底。

应用

若放烤箱低温烤3～5分钟，糕更实、味更香。

八珍糕

将炒熟的黑芝麻2大匙和入$\frac{1}{5}$的糕粉中。先将剩余的白糕粉的一半倒入小铁盒内，再倒下拌有芝麻的糕粉至铁盒的$\frac{9}{10}$高，再倾下另一半白糕粉至满。其余做法相同。

核桃糕

核桃仁$\frac{1}{2}$杯泡于糖水中1小时，沥干碾碎，拌入$\frac{1}{5}$的糕粉中。也是先将剩余的白糕粉的一半倒入小铁盒内，再倒下拌有核桃的糕粉至$\frac{9}{10}$，再倾下另一半白糕粉至满。其余的做法相同。

椒盐桃片

成品数量　8人份

材料

绵糖600克

面粉少许

熟糯米粉600克

黑芝麻粉150克　　　核桃仁$\frac{1}{2}$杯

麻油$\frac{1}{2}$杯　　　　糖$\frac{1}{2}$杯

盐$\frac{1}{4}$茶匙

拌料

准备

1. 绵糖600克参照167页水果干糕发酵糖做法，

椒盐桃片

苏式茶食糕点为中国精致糕点的代表因其式样精巧滋味芬芳又可久存不坏，是家中待客最好的点心一碗清茶几样入口即化的茶食其味无穷

苏州茶食

　　鱼米之乡的江南，富裕繁荣，稻产丰饶，各种米制糕点花样迭新。由宋至明、清，苏州成了米食精致文化的代表区，将米质的香腻酥软、入口立即松化的特性发挥到了极点，并且充分展现于精巧玲珑的干糕上。

　　其实干糕本是中国人在漫长年代中，为使粮食便于贮存而创造出来的一种可以久放的简朴食物。干糕的形式由简朴走向细巧，具有闲情的苏州人大概要居首功吧！

　　苏州人喜欢滋味清淡的干糕，甚至于亲友往还、婚宴喜庆、逢年过节，都少不了拿它做必要的点缀。

　　干糕不必温热来吃，随手可取来当作零嘴，是平日里家居饮茶的佳配。饮一杯清茶，吃几片芬芳干糕，人生悠闲情趣莫过于此，所以人们又称这种甜而不腻、干爽香酥的干糕为"茶食"。

　　茶食糕样细小，只能品不能饱，但是拈在手上可以欣赏糕上精美的花纹图案，富丽而具层次的色调，乃至糕形的粗雅拙巧，都可以评析一番方才入口，入口松爽，化作一缕醇香。像薄脆的椒盐桃片，酥中带甜，甜中含咸，研细的芝麻粉和着糯米粉，清香中更烘托出核桃的爽脆。淡淡甜味的八珍糕，透着芝麻醇味，带潮的糯粉爽口不粘牙，偶尔咬着一

粒小芝麻更觉齿颊留香。再轻啜几口清茶，更是令人回味不已。

　　品味着细致的苏式茶食糕点，我们也可以体会到过去苏州人悠闲的生活情趣。然而我们今天置身于紧张的工商社会，实在更需要那样一份闲适。因此平日大可以拿糕粉配合各色干糕，或加入枣泥、豆沙等馅料，做几盒茶食贮存起来，居家待客，品茶赏糕，同时也享受那难得的闲情雅趣。

左图三种著名的苏州茶食，由右下方逆时针而上为：八珍糕、核桃糕和雪片糕，可如左下图装盘供作茶食。衬景为显现于苏州拙政园长窗外的北寺塔

椒盐桃片
也是苏式茶食中有名
的一项糕点
它的做法
与雪片糕略同
但加入了香脆的
核桃仁
蒸两次，再切片
用烤箱烘烤
三五分钟
糕味特别干香

做出发酵糖。

2. 将糖½杯溶进1杯热水中，核桃仁浸于糖水中，1～2小时后，沥干，拿擀面杖碾成碎末。

制作

1. 糯米粉与盐½茶匙和匀筛过。

2. 发酵糖600克和麻油2大匙和匀。

3. 取加盐的糯米粉150克、发酵糖150克，参照169页雪片糕的抄法，均匀抄成白色糕粉。

4. 将剩余的糯米粉、芝麻粉和核桃末拌匀，调入发酵糖450克，也以同法抄成微湿的灰色糕粉。

5. 在一个小铁盒内搽抹麻油，倒进一部分白色糕粉，到铁盒$\frac{1}{10}$高就用铁片压紧刮平，再倒下灰色糕粉至铁盒的$\frac{9}{10}$高，也压紧刮平，最后倾下白色糕粉至满，再压紧刮平。然后如同雪片糕的蒸法一般蒸实切片。

6. 放入烤箱中低温烘3～5分钟，糕身更结实，糕味更香，可保存40天不坏。

绿豆润

成品数量　8人份

材料

	麦芽糖1大匙
	麻油1大匙
熟糯米粉150克	绵糖450克
绿豆粉450克	

准备

1. 绵糖450克，参照167页水果干糕中发酵糖做

绿豆润

法，做出发酵糖。

2. 准备一只内壁光滑的容器，深1～2厘米。

制作

1. 糯米粉和绿豆粉拌匀筛过。

2. 取发酵糖450克和麦芽糖1大匙搅匀，调入粉里。调后迅速连粉抄匀，抄时手势由下往上，不要揉搓，糖才能化入粉中而又保持松度。

3. 拿擀面杖将糕粉略擀一下，把小结粒擀散。擀散的粉再拿筛子筛细。

4. 容器内壁搽抹麻油，倾入糕粉至满，并尽力压紧使糕身密实，然后倒扣在描图纸上，其余糕粉也依法扣成形后，一齐摆进蒸笼。

5. 煮滚水$\frac{2}{3}$锅，置上蒸笼，加盖以中火蒸20分钟就可以吃了。一时吃不完的话，包好储存起来，是很甘美的日常茶食。

应用

家中若有木模，可参照167页水果干糕制作法图解，将筛细的糕粉倒入模中，压紧扣出成形后，再隔水蒸实，糕形更美。

红豆松糕

成品数量　1笼

材料

	红豆1杯
	青丝1大匙
生糯米粉1200克	红丝1大匙
白砂糖370克	瓜子1茶匙

准备

红豆洗净，浸泡一夜至软后沥干，加水1杯放入电饭锅中，煮至红豆软烂而不裂开。

制作

1. 糯米粉倒在干净的台板上，中间拨空成环形粉墙。环中倒进白糖，白糖中间再拨凹洞，形成糖墙。

2. 红豆连汁舀3杯倒在凹洞处，让它浸染到糖上，略微化一化糖。

3. 将粉、糖、红豆汁一起拌匀。拌时将粉墙分七八道，由内侧一层层向中心抄拌，手势由下往上，将粉抄拨入糖汁，再翻抄上来，手劲要轻巧，不要揉捏，一抄到硬团就立刻剔除，否则不易蒸熟。抄时也要随时轻加拌搅，但一定要注意保持粉的松度，不能压挤。

4. 抄10分钟后，粉已充分拌湿成潮粉。这时试握一把粉，在掌中轻抛一抛，如果粉团不碎散，表示湿度够了。再用双掌轻搓一搓，如果粉团搓散开了，就表示湿度正好，搓不开就是

红豆松糕

做红豆松糕时
要特别注意糖、粉
和红豆汁揉和的方法
揉得好
糕中没有疙瘩
才可称是上品松糕

定生糕

太湿了，得再酌量加粉。

5. 将潮粉静置2～3小时，让糖、水能更充分地渗进粉中。

6. 在一个与蒸笼口径等大的锅内，大火煮沸水½锅，放上铺好湿蒸笼布的蒸笼，将抄好红豆的粉在指间一边拨松，一边徐徐撒进笼内，边撒边蒸。一层层撒满后，盖严笼盖，大火蒸10～15分钟，掀盖以竹筷试戳，若不沾筷就是熟了，在糕面均匀撒下青丝1大匙、红丝1大匙、瓜子仁1茶匙装饰。

7. 取一方棉布覆住糕面，将糕连同蒸笼倒扣在一块平板上。取下蒸笼，待稍凉后，将糕倒扣回来，撕去棉布，对切成八等份就可以盛盘了。

要诀

1. 拌潮粉时，不让糖、粉先混合，是因糖会吃水，先让它吸了红豆汁不致结粒。

2. 拌粉时，如果红豆汁不够，可略加水拌和。

应用

也可不用纯糯米粉，而以三分籼米粉和上七分糯米粉抄成潮粉蒸糕，更为松爽。或者将拌料与模型略换一换，就可蒸出不同的糕点。

纯红豆松糕

糕粉中多和进红豆1杯，面上也不饰青红丝及瓜子仁，改铺红豆¼杯，蒸好后就是一笼完全由红豆与米拌和的松糕了。

小花松糕

将松糕粉倒进刻花模中，面上铺摆红豆装饰，上笼蒸熟后，慢慢将糕顶出模外，就成了一个个小花形的松糕。

夹沙松糕

糕粉中不和进红豆，改用水代替红豆汁抄粉。在撒粉蒸糕至一半时，铺一圈红豆沙馅，再继续撒粉，其余做法相同。蒸成的糕切成小块后，就可看到每块中央夹了一层豆沙。

定生糕

这是江浙一带的寿糕，抄粉时不用红豆汁而用拌有极微量红色素的水，因此抄成的粉是淡红色的。抄好后将粉倒进银锭形的木模内，中心夹一块豆沙馅，蒸熟后，两块糕底碰底合成一对即可。

方糕

成品数量　16块

材料

糯米300克
生釉米粉300克
白砂糖3大匙
馅料
红豆300克
白砂糖370克
麦芽糖80克

油量杯
特殊工具
木条4支，每支长15厘米，高1.5厘米
铝板1片，20厘米见方，板上布满圆洞
木模1个，15厘米见方，面上刻有正方花字4个

准备

1. 参照162页条头糕的豆沙做法，做成豆沙馅。
2. 糯米洗净，泡3小时沥干，参照122页打成潮粉。
3. 釉米粉、白糖掺进潮粉中，并用细网筛过，覆上湿毛巾，静置2～3小时，让糖和水气充分渗入粉中。

制作

1. 铝板上覆一方湿蒸笼布，将木条在布上围成方框，筛进糕粉至满，刮平，看来有如粉田。
2. 于粉田上用尺轻划出横直两道中央线，淡淡显出4个等大方块。在每一方块中央，将尺插入粉中，而不着底，刮出3厘米见方、1厘米深的方洞，填入豆沙馅至将满，将粉覆回，刮平。

3. 木模中填满粉，用刀刮平，对齐木框覆在粉田上，拿小锤敲敲印模背，让模中的粉完全落下，提起印模时，花字就浮雕似的印在粉上了。
4. 烘暖刀面，在粉田中央线横直各切一刀，均分成四等份，再撤去木条。
5. 大水锅内煮滚水⅔锅，坐上大蒸笼，将铝板连同糕粉一齐摆进笼中，盖紧笼盖大火蒸20分钟即熟。取下糕块，再以同法将其余糕粉放进框中，陆续蒸成方糕。做好趁热食用最是细润。吃不完的冷藏起来，要吃时再经大火蒸热就行了。
6. 若能四笼齐蒸齐熟最好，但蒸时每隔一段时间上、下笼位置须互换一下，才能均匀受热。

要诀

在粉田上划出横竖两道中央线前，可预先在每根木条中央点画下记号，便可依此画线，方便制作。

应用

手边没有木模时，可以用微厚的硬纸板代替，板上镂刻空花，覆在粉田上，撒下糕粉，取开纸板后花样就出来了。甚至可以更朴素，不做任何花式，平平整整的，很具亲切感。馅料方面，也可以拿果酱、果仁等来变化应用。

方糕制作法

1. 铝板上覆一方湿蒸布，木条在布上围成方框。
2. 糕粉由筛网筛入框内，满后以尺刮平如粉田。

3. 用尺划出粉田中线成四块，每块中央刮方洞。
4. 洞中填入豆沙馅至九分满，再将粉覆回刮平。

5. 模内填粉覆于粉田上，小锤敲落粉即成花字。
6. 在粉田中央线各切一刀成四块后，撤去木条。

右图为刚蒸好的芳香细润的方糕

做方糕时围方框的四支等长木条以及垫于糕下的布满圆洞的方形铝板

属于松糕的系列食品中，又有式样讨人喜爱的方糕可以自制糕模做出有福、禄、寿喜、财等字样的方糕雪白的糕面微透红豆沙馅的颜色无论字样形状和颜色都非常诱人

米条、米片、蒸粉类

过去中国人生活
注重俭省
春米剩余的碎米
亦不肯丢弃
把米屑积累下来
加以充分改造、利用
这就奠立了
中国米粉业发达
的基础，也造就了
美味又家常的
米粉餐点

米食依照外形又可分为长条形的、片状的和细粒状的。

米经过基础的磨制，可以加工成或粗或细的米粉、米苔目，这些都是米条食物。在不同的制作过程中，粿粉又可做成片状米食，如方片的河粉、肠粉，圆片的豆皮等。

这些米条、米片，各有特殊的嚼劲和滋味，稍加用心，就可以配合菜肴，烹调出极有风味的米食。

至于细粒状的米食，我们可以留心一下"蒸粉"的米食食谱。把米加香料炒香，再打碎成沙砾般的小粒，就成为蒸粉了。别看蒸粉又小又不起眼，用它来蒸菜蔬肉类，可使菜肴滑润鲜美，是家庭主妇发挥烹饪艺术的大功臣。

在这段食谱中，除米粉不易在家中做，仅以图解说明外，我们将一一教你做各种米条、米片和蒸粉。有了这些基础，再利用它们做各色可口的米食餐点，就是轻而易举的事情了。

什锦炒米粉

成品数量　4人份

材料

粗米粉300克
猪里脊肉80克
绿豆芽600克
韭菜花80克
鸡蛋1个
虾米20克
干香菇3朵
鸡胸肉100克

胡萝卜½根约100克
油4½大匙
淡色酱油1大匙
盐½大匙
鸡精1茶匙

拌料

鸡精½茶匙
盐½茶匙
酱油½大匙
淀粉½茶匙

准备

1. 新鲜米粉洗净备用。若是干的米粉，则要用温水泡30分钟至软后沥干。

2. 香菇、虾米各以温水泡30分钟后，挤掉香菇的水分，切成宽0.5厘米的丝。

3. 鸡胸肉去皮和油脂，切成宽0.5厘米的细丝。

4. 胡萝卜去皮洗净，刨成丝。

5. 里脊肉切成长3厘米的细丝，与拌料拌匀。

6. 韭菜花洗净去老根后，切成3厘米长段。

7. 鸡蛋打散。烧热平底锅，放油1茶匙大火烧热后，改小火，将蛋汁倾入，摊成薄薄的蛋皮。再切成长5厘米、宽0.5厘米的蛋丝。

8. 炒菜锅中加油2大匙，大火烧热后，放绿豆芽炒10分钟盛起。

制作

炒菜锅中烧热油2大匙，倒入虾米、猪肉丝、鸡丝，大火炒香，见肉色转白，即依序放入盐½大匙、鸡精1茶匙、淡色酱油1大匙、胡萝卜丝、香菇丝及米粉，大幅翻炒2～3分钟，再下绿豆芽、韭菜花，边炒边用筷子将米粉挑松。炒5分钟后放蛋丝炒匀，即可熄火盛出。

应用

若不喜欢粗米粉，可用细米粉代替，滋味亦佳。

鸡丝米粉汤

成品数量　4人份

材料

粗米粉300克
猪骨头300克
鸡胸肉150克
大白菜½棵约200克
竹笋1支约200克
干香菇4朵
虾米20克
葱1根，切成5厘米长段
去皮嫩姜2片
米酒1大匙

盐½茶匙
鸡精½茶匙
油1杯
淡色酱油1大匙

拌料

米酒½大匙
盐½茶匙
麻油½茶匙
胡椒少许
淀粉½大匙
蛋清½个

米粉的制作

米粉是典型的小吃，不论煮、拌、炒、烩，都非常可口。稍加留意，我们就会发现，通常煮米粉用的是较粗的米粉，拌、炒、烩米粉则是用较细的米粉。

粗、细两种米粉在味觉上稍有不同，制作方法仅有微小的差异：在用油压米粉机将米片压过"米粉孔"时，只需调整米粉孔的大小，挤出来的米粉就有了粗细之别。

我们在市面上买到的米粉

除了有粗细的分别，还有干湿的差异。制作干米粉时，最后有晒干或烘干的一步，湿米粉则未经干燥处理，也因此，成包的干米粉可以久放，而湿米粉买回家后则需立刻下锅烹煮，以免变味。

据说做米粉的方法最早是由广东人发明的，后来经由福建传到台湾、香港和东南亚各地。今天的米粉工厂虽然已由手工制作进步为机器操作，但是原理、步骤与传统方式并无大异。下面我们就来看看制作米粉的传统方式。

 **磨米**：籼米经浸泡、清洗后，用石磨细磨成米浆。

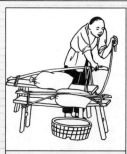 **压干**：米浆装袋、封口后，用扁担或石头压干成粿粉团。

 **搅拌**：粿粉团经打碎和反复搅拌，变得柔韧有劲。

台湾新竹米粉做好后常在河床上风干

蒸炊：粿粉团分成小块放入蒸笼蒸到半熟，使其产生黏性。

碾片：半熟粿粉团放在木槽里，由工人跳压木棒碾成米片。

压条：将米片卷成圆筒状，放入下凿洞眼的圆筒挤压成条。

冲水：米粉经蒸或水煮至全熟，水煮者须在熟后再冲冷水。

晒干：全熟的米粉以手劈开，再平摊于竹架上曝晒、风干。

准备

1. 新鲜粗米粉洗净备用。若是干的米粉，则要用温水泡30分钟至软后沥干。

2. 锅中盛水½锅，放入猪骨头，大火烧沸水后，把水倒掉，取出骨头用冷水冲净。然后再装水½锅以大火煮沸，放进骨头、香菇、去壳的笋、葱、姜、米酒1大匙，盖上锅盖，水再滚沸即转中火熬。10分钟后，取出笋切成长3厘米的细丝。又过10分钟，取出香菇切成宽0.2厘米的细丝。然后放盐½茶匙、鸡精½茶匙，继续熬煮40分钟成高汤，沥出4杯备用。

3. 虾米以温水泡30分钟。

4. 大白菜洗净，切成长5厘米、宽0.5厘米的细丝。

5. 鸡胸肉切成细丝，以拌料拌匀。炒菜锅中放油1杯，大火加至八分热后，下鸡丝，用锅铲推散，立即捞起，沥去多余的油汁。

制作

1. 大火烧热炒菜锅中油2大匙，放虾米爆香，倒大白菜丝炒1分钟后，再加高汤4杯和香菇、笋、鸡丝，汤滚后捞出全部菜肴，锅中只留高汤。

2. 把米粉及淡色酱油1大匙放入高汤中，续以大火煮滚，捞出米粉放各面碗中，把菜肴加在上面，然后倾入高汤，即可趁热食用。

应用

若喜欢吃细米粉，亦可用细米粉代替粗米粉。

上图的左方为什锦炒米粉，右方为鸡丝米粉汤

米粉羹

成品数量　2人份

材料

米粉150克
干鱿鱼1条约150克
胡萝卜1根约150克
白萝卜1根约300克
猪大骨头2根
柴鱼80克
九层塔少许

红葱头末3大匙
淀粉2大匙
油$\frac{1}{4}$杯
盐1大匙
鸡精1茶匙
糖2茶匙
黑醋1$\frac{1}{2}$茶匙
米酒1$\frac{1}{2}$茶匙
沙茶酱1大匙

准备

1. 干鱿鱼洗净，浸泡2小时膨大后，切成长3厘米的细丝。
2. 米粉以冷水浸湿，取出让它自然软化。
3. 胡萝卜、白萝卜去皮切成1厘米立方的丁块。
4. 淀粉2大匙加水$\frac{1}{4}$杯调匀成水淀粉备用。
5. 九层塔洗净备用。

制作

1. 锅里盛水7杯，放入猪大骨、胡萝卜丁和白萝卜丁，盖上锅盖，以大火煮滚后，转小火续煮40分钟。打开锅盖，加入柴鱼、盐1大匙、鸡精1茶匙、糖2茶匙、黑醋1$\frac{1}{2}$茶匙、米酒1$\frac{1}{2}$茶匙及沙茶酱1大匙调味，5分钟后，倒入调好的水淀粉勾芡，略为搅拌，即成浓稠的羹汤。
2. 炒菜锅中倒入油$\frac{1}{4}$杯，大火烧热后，转中火，下红葱头末爆炒，至颜色焦黄，即为香喷喷的红葱油，熄火取出，拌入羹汤。
3. 水$\frac{1}{2}$锅以大火烧滚，米粉和鱿鱼分别入锅烫2分钟，即以漏勺取出，然后再分别盛于两个碗中。
4. 捞出羹汤中的大骨，将羹汤、九层塔分别盛于大碗与小碟中和米粉、鱿鱼一起上桌。吃时，盛一碗米粉和鱿鱼，淋上羹汤，配少许九层塔，即为可口的米粉羹。

要诀

1. 干米粉最好不要一直浸泡在水中，否则会过于软化。
2. 米粉和鱿鱼不可烫过久，否则会失去脆嫩和弹性。

米粉羹

米粉价廉物美
无论煮、炒
凉拌皆宜
但要注意的是：
米粉久煮易烂
失去韧性的米粉
就不好吃了
在这里
要特别留心泡米粉
煮米粉的方法和时间

云南过桥米线

成品数量　4人份

材料

米线即粗米粉600克
鸡$\frac{1}{2}$只约600克
猪里脊肉230克
猪腰1个
小白菜4棵约150克

豆腐皮2张
韭菜40克
芫荽少许
嫩姜2片
葱2根，切成葱花
盐1$\frac{1}{2}$茶匙

准备

1. 米线用冷水泡10分钟，直到每根米线散开不相连。
2. 猪腰剖开，清除内里的红色、白色组织。将猪腰和里脊肉尽可能切成极薄的肉片。
3. 将小白菜、韭菜、芫荽洗净，然后切成3厘米长段。
4. 豆腐皮切成2厘米见方的小片。

云南的过桥米线
非常有名
"过桥"指的是
将泡好的米线
下到滚热的鸡汤中
涮两下
再夹起食用的
特殊吃法

过桥米线

春卷皮300克
广东生菜300克
鸡蛋2个
淀粉1茶匙
葱2根，切成葱花
油5杯

腌料
盐½茶匙
鸡精½茶匙
胡椒粉½茶匙
淀粉1大匙
米酒1大匙
淡色酱油3大匙
麻油1大匙
姜5片，切成细末

准备

1. 春卷皮切成直径15厘米的圆皮，盛在碟中。

2. 生菜洗过，拿冷开水冲净，挑选叶片大如春卷皮的，也盛碟备用。

3. 香菇洗净，放温水中30分钟泡软，取出去蒂，切成末。

4. 芹菜去叶留梗，切成末。洋葱切去头尾，剥除老皮，切成碎丁。荸荠削皮洗净，也切成碎丁，再略加泡洗，才不变色。荷兰豆掐去头尾及两边的老筋，切成长1厘米的小段。

5. 将鸽洗净，如图去骨取肉，鸽头、小翅及脚另置一旁，再将所有鸽肉切丁斩烂。

6. 鸡肝去筋剁碎，与鸽肉一起拌入腌料中。

7. 分开鸡蛋1个的蛋黄、蛋清。蛋黄放入碗中打散，再将鸽头、小翅放进去蘸一蘸，取出来均匀涂抹一层淀粉备炸。

8. 剩余的蛋清再加入鸡蛋1个打匀，倒进肉酱中，再搅入香菇丁拌匀。

制作

1. 春卷皮一张张松开置盘中，放蒸笼内以滚水中火蒸5分钟，待鸽松做好后，正好起出盛碟。

2. 炒菜锅中注入油5杯，大火烧热立即熄火，放下小翅、鸽头炸5秒马上沥起。再趁油热，迅

过桥米线
所用的鸡汤
越烫越好
里脊肉和猪腰等配料
则以快刀
片得越薄越佳
这样，薄如纸片的
肉片或腰片
一置入鸡汤碗中
立即烫熟，鲜美无比

制作

1. 锅中装水½锅，放入鸡、姜及盐1½茶匙，盖上锅盖，以大火煮沸，转小火熬3小时，使大量鸡油浮出，并保持滚烫。

2. 炒菜锅中加水½锅，中火煮滚，放入泡好的米线，烫3～5分钟捞起。再将小白菜、韭菜、芫荽放入锅中烫一下，随即捞起放在碟子上。

3. 将米线分成四等份，放入4个汤碗中，另取4个深碗盛满滚烫的鸡汤。

4. 先将里脊肉片和猪腰片放入鸡汤中，若其薄如纸张，一烫即熟。再放入小白菜、芫荽、韭菜、豆腐皮及葱花。

5. 挑起米线放到鸡汤中涮两下，即可和汤中的菜肉一起吃。

要诀

1. 煮鸡汤的鸡越肥越好，浮油多就容易保持滚烫的热度。

2. 里脊肉和猪腰要挑新鲜的，切片越薄越佳，最好其薄如纸，较易烫熟。

3. 蔬菜第一次放入滚水中只要稍烫一下即可，以保鲜度。

鸽松

成品数量　8人份

材料
米粉60克
嫩鸽3只掏去内脏约900克
鸡肝3个
芹菜300克
洋葱1个约300克
荷兰豆80克
荸荠150克
干香菇6朵

鸽子取肉法

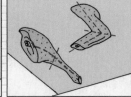

1. 沿线剁下鸽头、鸽膀、鸽腿，再剁下翅、脚。

2. 刀自龙骨中线、背脊中线两侧各切两刀至骨。

3. 前胸划刀处，分由左右将肉自胸骨劈至脊部。

4. 膀、腿沿线划开后去骨，再将所有鸽肉剁烂。

鸽松

鸽肉鲜香细嫩
去骨后
剁烂炒熟，放在
油炸松脆的米粉上
用春卷皮
或生菜叶包裹食用
是一道
出名的宴席菜肴

速倾下米粉，炸10秒，见米粉松脆微黄，就沥干捏碎，平铺在浅盘上。

3. 锅中留油4大匙，倒下洋葱，大火爆炒至香，再加热油2大匙炒1分钟，倾下鸽肉酱，再炒1分钟至肉香溢出，加荸荠末翻炒两下，沿边淋下熟油1大匙，接着放荷兰豆、芹菜、葱花快炒1分钟，香味尽出，就可盛在米粉松上。

4. 盘缘摆上鸽头、鸽翅作为装饰，显出鸽样，趁热上桌。吃时随个人喜爱用春卷皮或用生菜包裹。

要诀

炸米粉时，油一热立即熄火，快速倾下米粉，才会炸得松脆。油若热到冒烟，米粉会焦黑；油若不热，米粉炸得过久会硬而不脆。

应用

没有鸽肉的话，可拿猪里脊肉代替。

179

下图的三种米苔目由上方顺时针而下是：丝瓜米苔目汤、炒米苔目、米苔目冰

丝瓜米苔目汤

成品数量　4人份

材料

	葱2根，切3厘米长段
	油1½大匙
米苔目600克	盐1½茶匙
丝瓜½条约200克	鸡精½茶匙
虾米¼杯	

准备

1. 虾米以温水浸泡30分钟。

2. 米苔目以冷开水冲洗，使条条分开。

3. 丝瓜去皮后纵切两刀，再横切成宽2厘米的长条。

制作

炒菜锅中加油1½大匙，中火烧热后，放入葱段爆香，再放虾米略炒，随即加水4杯，下丝瓜和米苔目，以中火烧滚，再加盐1½茶匙、鸡精½茶匙调味即成。

应用

丝瓜可用其他季节性蔬菜，如菠菜、小白菜或笋丝代替。丝瓜熟后再下盐，颜色才能保持鲜绿。

炒米苔目

成品数量　4人份

材料

	虾米20克
	韭菜3根
米苔目600克	葱2根，切3厘米长段
猪里脊肉150克	油4½大匙
胡萝卜½根	盐1½茶匙
大白菜¼棵	酱油2茶匙
干香菇5朵	鸡精½茶匙

准备

1. 香菇、虾米分别以温水浸泡30分钟至软，香菇去蒂切丝。

2. 胡萝卜去皮后，与大白菜、里脊肉切成长3厘米的细丝。韭菜亦切成3厘米的长段。

3. 米苔目以冷开水略冲，使条条分开。

制作

炒菜锅中以中火烧热油4½大匙，下葱段爆香，依序再下香菇、虾米、里脊肉、胡萝卜、大白菜，炒至肉丝散开，大白菜出水，加盐1½茶匙、酱油2茶匙、鸡精½茶匙调味，再下米苔目，拌炒3分钟后汤汁收干，放下韭菜略炒一下即可盛起。

要诀

米苔目下锅前，一定要以冷开水冲洗一下，这样

米苔目

成品数量　4人份

材料

	淀粉2大匙
	特殊工具
籼米600克	米苔目板

准备

籼米洗净泡3小时，参照122页打成米浆，取其中⅔脱水成粿粉团，再用手捻碎。

制作

1. 将剩下的米浆加入冷水4杯稀释，倒入炒菜锅中以小火煮至黏稠状，掺入捻碎的粿粉团中，再加进淀粉2大匙一起揉搓40分钟，如果太干可酌量加入少许温水。

2. 炒菜锅中盛水⅔锅，以大火煮沸，将米苔目板横架在菜锅上，再把揉好的粿粉团放在米苔目板上，用均等的力量来回揉搓，米苔目便从筛孔掉入锅中，等米苔目浮起水面时，用漏勺盛起，过一道冷水，即可食用。

夏日农村，人们爱食
清凉去火的米苔目
在厨房大灶旁
主妇正把
多孔的米苔目板
架在热水锅面上
用力搓揉粿粉团
孔中便纷纷落下
雪白的粉条
等沸水中的粉条
浮起锅面
就是地道的米苔目了

炒出来的米苔目就更有韧性、更爽口了。

米苔目冰

成品数量　4人份

材料

米苔目600克
黄砂糖½杯

冰块1大块

特殊工具

刨冰机1台

制作

1. 锅中煮滚水3杯，放入黄砂糖½杯，用中火将水煮滚，成为糖水，置凉备用。
2. 把米苔目分别盛入4个盘中，将冰刨入，依各人口味，浇上糖水或绿豆汤，即可食用。

应用

台湾南部节庆祭拜时，常以红色米苔目加在白米苔目上供祀神明。只要在粿粉团里和上食用红色素少许，以同法即可做出红米苔目。祭拜完后，浇上甜汤或配以清凉的刨冰，悦目又好吃。

将一块打满圆洞的生铁皮，钉包在两长两短的四根木条上，但长木条须长于炒菜锅直径。再将钉好的铁皮木框架在炒菜锅上，架接处斜斜刻下凹痕，使木框能固定于锅缘，用力在铁皮上揉搓粉团时不会摇晃就成了

将粿粉团放在米苔目板上用力搓揉，米苔目便由筛孔落进锅中

河粉

成品数量　2大张

米磨成粿粉以后
可以
随心所欲变化形状
由点发展成线
甚至成面
都是可能的
在这里
我们将展示
面——米片的
做法及妙用
首先
你得准备一点小道具
毋需多大工夫
你就可以欣赏到
沸水锅如何
浮起
一片洁白的米片了

材料

籼米150克
油2茶匙
马蹄粉20克

玉米粉20克
盐$\frac{1}{8}$茶匙
鸡精$\frac{1}{8}$茶匙
熟油2大匙
澄面40克

准备

1. 米洗净，泡3小时后沥干，加水1$\frac{1}{2}$杯，参照122页打成米浆。

2. 将澄面40克、马蹄粉20克、玉米粉20克、盐$\frac{1}{8}$茶匙、鸡精$\frac{1}{8}$茶匙、熟油2大匙均匀和入米浆中，调成河粉的原料，约2杯有余。

制作

1. 直径35厘米以上的大水锅中，以大火煮滚水$\frac{1}{2}$锅。再将长30厘米、宽25厘米的长形铁盘擦净，淋下油1茶匙，用刷子搽开后，浮摆在水面蒸热。

2. 将粉浆1杯淋进蒸热的铁盘中，抓紧盘缘用力旋晃盘身，使粉浆借势铺平。盖严锅盖，大火蒸5分钟后，掀盖见浆面略微泡凸，就是熟了，连盘取出略凉2分钟。

3. 拿刀尖沿着粉皮边缘划一周，使粉皮四周脱离铁盘，才好剥离，再拿刀尖挑起粉皮一角，由此将粉皮取出，然后再将粉皮切成宽2～3厘米、长短随意的粉片就成了。其余粉浆也依同法制成粉片。凉后1小时，就可拿来或炒或煮，一时用不完，可包好冷藏起来，三五日不坏。

河粉制作法

1. 舀取1杯量粉浆淋入铁盘。

2. 用力旋晃盘身，使米浆借势铺平。

3. 见浆面泡凸，即可夹起铁盘。

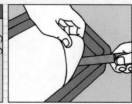

4. 用刀尖挑起粉皮，以便取出。

虾仁肠粉

成品数量　12卷

材料

籼米150克
澄面40克
马蹄粉20克
玉米粉20克
盐$\frac{1}{8}$茶匙
鸡精$\frac{1}{8}$茶匙
熟油2大匙
油2茶匙

馅料

沙虾600克
盐$\frac{1}{2}$茶匙
蛋清$\frac{1}{2}$个

腌料

鸡精$\frac{1}{8}$茶匙
盐$\frac{1}{4}$茶匙
麻油$\frac{1}{2}$茶匙
胡椒粉$\frac{1}{8}$茶匙
白砂糖$\frac{1}{8}$茶匙
玉米粉1大匙
米酒1大匙
熟油1茶匙

酱汁料

淡色酱油1大匙
白砂糖$\frac{1}{2}$大匙
鸡精$\frac{1}{8}$茶匙
熟油1$\frac{1}{2}$大匙
盐$\frac{1}{8}$茶匙
麻油$\frac{1}{8}$茶匙

下图由右上方顺时针而下为叉烧肠粉、虾仁肠粉、腊肠肠粉、牛肉肠粉，中间为素肠粉

准备

1. 做肠粉浆时，先把米洗净泡3小时后沥干，加水 $1\frac{1}{2}$ 杯，参照122页打成米浆，加入澄面40克、马蹄粉20克、玉米粉20克、盐 $\frac{1}{8}$ 茶匙、鸡精 $\frac{1}{8}$ 茶匙及熟油2大匙，调拌均匀即成，可做出约2杯有余。

2. 接下来要做酱汁，先在炒菜锅中煮滚水 $\frac{1}{2}$ 杯，然后再下所有的酱汁料，大火煮滚，就可熄火盛起。

3. 沙虾摘头去壳。剥成虾仁后，抽除肠泥，撒入盐 $\frac{1}{2}$ 茶匙，漂洗4次洗净，用纱布挤干水分，放入大碗中，打下蛋清 $\frac{1}{2}$ 个，略加捏揉，再拌进所有腌料。

制作

1. 直径35厘米以上的大水锅中煮滚水 $\frac{1}{2}$ 锅。将长30厘米、宽25厘米的长形铁盘擦净，淋下油1茶匙，用手抹开后，置于水面蒸热，淋进肠粉浆1杯，抓紧盘缘，用力旋晃盘身，使粉浆借势铺平。

2. 参照下一页的图解，在盘面铺放3行虾仁，每行分量为全部虾仁的 $\frac{1}{6}$。盖紧锅盖大火蒸3分钟，掀盖看浆面略微泡凸，就是熟了，连盘取出略凉2分钟。

3. 拿刀尖沿着粉皮边缘划一周，使粉皮四周脱离铁盘才好剥离，然后再将粉皮按预想划为3长条。

4. 刀尖挑起粉皮一角，由此翻起长边粉皮，徐徐向切线折卷成肠状，这时虾仁虽已黏结在粉皮上，仍须小心卷，才不会脱落。其余两片也同样卷好后，一齐对切成两段。

183

河粉与肠粉
基础的做法是一样的
首先
把米片蒸好
待凉后切片
或切条
即成为可以
炒、煮的河粉了
肠粉的做法
略有不同
须趁米片尚未蒸熟前
就把
拌好的馅料放入
待米片熟后
即可趁热卷起食用

肠粉制作法

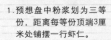

1. 预想盘中粉浆划为三等份，距离每等份顶端3厘米处铺摆一行虾仁。

2. 拿刀尖将预想的三等份虚线划开，每等份自切线分别卷成肠状。

5. 将肠粉一卷卷置于盘中，接口压在底下，才不致松开。另外的粉浆1杯也以同法做出盛盘，淋下酱汁，就可上桌了。

应用

肠粉可做出多种口味，主要在于馅料不同，其余粉浆原料、蒸法、卷法、蘸汁吃法没有两样，下面介绍几种馅料制作。

牛肉肠粉

牛肉230克洗净，切细丁后剁成肉酱，加入胡椒粉 $\frac{1}{4}$ 茶匙、蚝油1大匙、淡色酱油 $1\frac{1}{2}$ 大匙、麻油1大匙、米酒1大匙、鸡精1茶匙、淀粉2大匙、嫩精 $\frac{1}{8}$ 茶匙、油4大匙、姜末1茶匙、葱末1大匙、芫荽茎切成的末1大匙拌匀，打进鸡蛋1个使牛肉更嫩，再加水4大匙，拌揉到馅料充满黏性，腌泡30分钟，即可制作。

叉烧肠粉

先拿玉米粉1大匙，加水 $\frac{1}{4}$ 杯调和均匀。再将广式叉烧肉切成长1厘米、宽0.7厘米的薄片。炒菜锅中煮沸水1杯，加熟油3大匙、盐 $\frac{1}{3}$ 茶匙、鸡精 $\frac{1}{2}$ 茶匙、白砂糖1茶匙、淡色酱油2茶匙、蚝油1大匙、麻油 $\frac{3}{4}$ 茶匙、胡椒粉 $\frac{1}{8}$ 茶匙、油葱酥1大匙，然后淋下玉米粉水，大火翻拌数下，待汁液略凝，倒进叉烧肉片，快炒两下，立即熄火盛起。凉后放进冰箱冷藏10分钟，凝结后即可制作。

腊肠肠粉

将虾米80克和干香菇4朵各以温水浸泡30分钟至软，沥起剁碎。广式腊肠切成长1厘米、宽0.7厘米的薄片，与虾米、香菇及葱花 $\frac{1}{2}$ 杯拌匀即可制作。但是这道馅不便于黏结，因此制作时不是如前摆放3行，而是散撒在粉浆上，卷起盛盘淋下酱汁后，再撒些馅料在肠粉上就成了。

素肠粉

素肠粉不放馅料，而是在卷起盛盘淋酱后，撒下少许炒熟的白芝麻。白芝麻的炒法是以小火烘热炒菜锅，倒下芝麻，炒3分钟后，芝麻呈金黄，香味溢出就是熟了。

干炒牛河

成品数量　4人份

材料

沙河粉300克
嫩牛肉230克
韭黄150克
干香菇5朵
绿豆芽450克
荷兰豆80克
胡萝卜 $\frac{1}{2}$ 根约100克
去皮嫩姜12片，切成细丝
油 $\frac{1}{2}$ 锅
盐 $1\frac{1}{4}$ 茶匙
猪油1大匙
蚝油1大匙
糖 $\frac{1}{2}$ 茶匙
酱油2大匙
鸡精1茶匙

腌料

蛋清 $\frac{1}{2}$ 个
淡色酱油2大匙
米酒1大匙
胡椒粉 $\frac{1}{8}$ 茶匙
淀粉2大匙
嫩精 $\frac{1}{8}$ 茶匙
熟油3大匙
麻油1茶匙
盐 $\frac{1}{3}$ 茶匙
鸡精 $\frac{1}{2}$ 茶匙
糖 $\frac{1}{4}$ 茶匙

准备

1. 沙河粉切成宽1.5厘米、长10厘米的条状，放在通气的篮子内备用。

2. 牛肉切成长5厘米、宽3厘米、厚0.1厘米的薄片，拌入腌料和水6大匙拌匀之后，腌30分钟。

3. 韭黄切成4厘米长段。

4. 香菇浸泡温水30分钟至软后，去蒂，切成宽0.8厘米的细丝。

5. 荷兰豆去头尾和两边的老筋，洗净。

6. 胡萝卜去皮，先纵切出五道浅沟，再横切成厚0.5厘米的薄片。

制作

1. 先将姜丝拌入腌过的牛肉中。以大火烧热油 $\frac{1}{2}$ 锅，放下牛肉，用筷子搅散，过15秒放荷兰豆和胡萝卜，再过5秒即全部捞起。

2. 炒菜锅中放油2大匙，大火烧热后，下绿豆芽，炒1分钟，加盐 $\frac{1}{2}$ 茶匙调味，再炒30秒就盛起。

3. 炒菜锅中放油2大匙，以大火烧热，下韭黄，炒30秒盛起。

4. 把切成细丝的香菇和水1杯倒入炒菜锅中，开大火，再放盐 $\frac{1}{4}$ 茶匙、鸡精 $\frac{1}{2}$ 茶匙、猪油1大匙、糖 $\frac{1}{2}$ 茶匙、酱油1大匙，煮2分30秒后盛起。

5. 先在沙河粉上放盐 $\frac{1}{3}$ 茶匙和鸡精 $\frac{1}{2}$ 茶匙，再在炒菜锅中放油2大匙，大火烧热后，改中火，然后下沙河粉炒2分钟，放香菇略炒，接着再放绿豆芽和韭黄，并加蚝油1大匙、酱油1大匙炒匀，最后下牛肉，炒1分钟，即可盛起，把胡萝卜和荷兰豆放在上面装饰。

什锦汤河粉

成品数量　4人份

材料

沙河粉1800克	米酒1大匙
小排骨300克	盐1½茶匙
嫩鸡腿1只	淡色酱油2大匙
笋1支约300克	鸡精2茶匙
猪肝150克	蚝油1大匙
海参1条约200克	糖⅓茶匙
草菇150克	胡椒粉少许
广式叉烧肉150克	麻油¼茶匙
菠菜300克	淀粉1茶匙
胡萝卜½根约100克	**拌料**
荷兰豆150克	淡色酱油1大匙
葱1根，切5厘米长段	麻油1茶匙
去皮嫩姜2片	胡椒粉少许
油3大匙	鸡精¼茶匙
猪油2大匙	米酒1茶匙
	淀粉½茶匙

准备

1. 沙河粉切成宽1.5厘米、长10厘米的条状，放在通气的篮子内备用。

2. 把小排骨、鸡腿和水15杯放进锅中，盖上锅盖以大火煮沸，再把笋去壳放入，并改中火熬煮。15分钟后拿出笋对切，再切成厚0.3厘米的薄片。又过15分钟取出鸡腿，略过冷水后剔下肉切成长4厘米、宽厚各1厘米的鸡丝。取出鸡腿后，在汤中放盐1茶匙、鸡精1茶匙，继续熬1小时成高汤备用。

3. 猪肝切成长5厘米、宽2.5厘米、厚0.2厘米的薄片，再放入全部拌料拌匀。

4. 海参除去内部组织，洗净，切成长6厘米、宽1厘米的长条。

5. 草菇放入沸水中煮3分钟，取出对切成二。

河粉是
入口爽适的米片食物
或炒或煮
滋味都与其他的米食
大不相同。在这里
我们介绍干炒牛河
什锦汤河粉
两项食谱
领会之余，变化由心
大可更改配料
做出无数种河粉来

上图的下方为干炒牛河，右上方为什锦汤河粉。这两道米食都是用左上方的河粉做的

下图的上方为腊肉炒豆丝，下方为菠菜豆丝汤

豆皮、豆丝是
两湖名点
运用绿豆、黄豆
与米一起打成浆
再烘烤成一张张豆皮
豆皮可切成豆丝
煮汤外
亦可直接包馅来吃
营养丰富
又具地方风味

6.叉烧肉切成厚0.2厘米的薄片。

7.菠菜去根洗净，切成4段。

8.荷兰豆去头尾和两边的老筋，洗净。

9.胡萝卜去皮，先纵切出5道浅沟，再横切成厚0.5厘米的薄片。

制作

1.在炒菜锅中放油3大匙，大火烧热，放叉烧肉炒一下，再放鸡肉炒10秒后，放草菇和海参略炒，即下酒1大匙、盐½茶匙、淡色酱油2大匙、鸡精1茶匙和高汤6杯，用铲子和匀后，放菠菜、猪肝，盖上锅盖，焖煮2分钟。打开锅盖，放蚝油1大匙、糖½茶匙、胡椒粉⅛茶匙、麻油¼茶匙、猪油2大匙，然后以水⅓杯调匀淀粉1茶匙，慢慢倒入锅中勾薄芡，稍稍黏稠即可，不必全倒下。接着再放荷兰豆和胡萝卜，过10秒即起锅盛入大碗中。

2.大火煮沸水½锅，将沙河粉放下烫5秒即捞起沥干，放在各碗中约半碗，再加入刚煮好的菜肴和汤汁，把荷兰豆和胡萝卜置最上面装饰，即是美味的什锦汤河粉了。

豆皮

成品数量　20张

材料		绿豆3杯
		黄豆1杯
粳米1½杯		油2½茶匙

准备

米、绿豆、黄豆洗净，泡一夜，沥起，加水4杯，参照122页打成掺豆的米浆。

制作

1.炒菜锅中烧热油⅛茶匙，摇晃锅身使油均匀沾满锅面，将锅提起离火，淋下一大勺米浆，再摇晃锅身使米浆摊成直径15～20厘米的圆片。

2.将锅放回火上，用铲背轻轻抹平饼面，以中火烘烤1分钟后，边皮微微翻翘，即用锅铲将饼皮翻面，或是用力晃锅，使饼皮腾空，整片翻过面来，继续加烘30秒，就可移锅近盘，倾下饼皮。其余米浆亦以同法做成饼皮。

要诀

1.抹平饼面时，偶尔会抹到没被磨化的疙瘩，就

顺便也用铲抹平。

2. 如果技巧不娴熟，翻面时会铲破饼皮，那么也可不翻面，只需轻铲饼皮，使其整面脱离锅底，再加烘10秒钟，饼皮一样会熟。

应用

豆皮可以卷裹饭菜，炸了切段来吃。也可以横切4段，再直切成宽1厘米的豆丝，炒煮两宜。

腊肉炒豆丝

成品数量　4人份

材料

	葱1根，取葱白部分斜切2厘米长段
豆皮4张约300克	油2大匙
芥蓝菜300克	鸡精1茶匙
湖南腊肉200克	

准备

1. 豆皮摊开直切4段，每段长5厘米，再横切成宽1厘米的豆丝。

2. 芥蓝菜削去过老的菜叶、菜梗，放入煮滚的开水中烫2分钟后，捞出过冷水。

3. 腊肉先切去外皮，再切成长5厘米、宽1厘米的极薄肉片。

制作

菜锅倒油2大匙，大火烧热后，放入葱白爆香，再下腊肉翻炒，见肥肉部分已炒得透明，即下芥蓝菜，并加鸡精1茶匙调味，然后倒入豆丝炒拌至熟即盛出。

菠菜豆丝汤

成品数量　4人份

材料

	油1杯
	盐½茶匙
豆皮4张约300克	鸡精1茶匙
菠菜300克	米酒1大匙
猪肉150克	**腌料**
猪大骨头1副	米酒1大匙
葱2根	酱油1茶匙
姜4片	淀粉1茶匙

准备

1. 将猪骨加水10杯放入锅中，先以大火煮沸后，倒掉水，冲净骨头，再另加水10杯，并将葱、姜略为拍碎后投入，加酒1大匙，盖上锅盖，以大火煮滚，再转小火煮2小时熬成高汤，用漏勺滤出4杯备用。

2. 猪肉切成长4厘米、宽1厘米的极薄肉片后，

用腌料腌浸30分钟。

3. 豆皮摊开先直切成4段，每段长5厘米，再横切成宽1厘米的豆丝。

4. 菠菜去根洗净，切成5厘米长段。

制作

1. 大火烧热炒菜锅，加入油1杯，待油热后，倒入肉片离火翻炒，至肉色转白即盛出沥油。

2. 锅中留下油1½大匙，大火快炒菠菜数下，随即倒入高汤4杯，并加盐½茶匙调味，俟汤滚热后，放入肉片、豆丝及鸡精1茶匙，煮3分钟，即熄火盛出。

豆皮糯米卷

成品数量　8人份

材料

	葱2根，切成葱花
	面粉⅓杯
豆皮8张约600克	油6½杯
圆糯米2杯	盐1茶匙
鸡胸肉100克	鸡精1½茶匙
虾米¼杯	米酒1大匙
香肠½条约40克	**腌料**
湖南腊肉80克	米酒1大匙
鸡蛋1个	淀粉1茶匙

上图的下盘为豆皮及包妥馅料的豆皮卷；上盘为炸好切成段的豆皮卷，露出白馅的是豆皮糯米卷，露出红馅的是豆皮肉卷

准备

1. 糯米洗净，放入电饭锅中，加水1½杯，蒸成糯米饭。

2. 鸡胸肉切0.3厘米立方的小丁，加入腌料拌匀，腌30分钟。

3. 虾米以温水浸泡30分钟后，与香肠、湖南腊肉均切0.3厘米立方的小丁。

4. 大火烧热炒菜锅，倒入油1½杯，油热后转小火，倒下鸡肉随即离火以筷子搅散，见肉色转白便盛出沥去油汁。

5. 炒菜锅中留油2大匙，大火烧热后，加入葱花爆香，再加酒1大匙，并倾下鸡肉和切成小丁的虾米、香肠、腊肉翻炒1分钟后，转小火，加盐1茶匙、鸡精1½茶匙及糯米饭一起拌炒，炒匀后盛出。

6. 鸡蛋打散与面粉½杯、水1½杯一起用筷子和匀，倒在浅底盘中。

制作

1. 摊平一张豆皮，将炒好的糯米饭4大匙平铺半面豆皮上，再卷成条形。其余豆皮亦以同法卷好。

2. 把豆皮卷在蛋汁中浸一浸，卷口处蘸上一些蛋汁黏合。

3. 大火烧热炒菜锅，倒入油5杯，油热后转中火，将豆皮卷一个个放入炸3分钟，见表皮转黄即捞出沥去油汁。

4. 将豆皮卷切成2~3厘米的小段，即可趁热食用。

豆皮肉卷

成品数量　1人份

材料	虾米40克
	干冬菇3朵
豆皮4张约300克	老姜5片，切成细末
面粉½杯	葱2根，切成葱花
鸡蛋1个	油1大匙
油5杯	酱油1大匙
馅料	盐¼茶匙
猪肉末150克	鸡精¼茶匙
美式香肠2条	

准备

1. 冬菇、虾米各以温水浸泡30分钟，切成小丁。

2. 美式香肠切成最细的小丁。

3. 大火炒馅料，把油1大匙倒入炒菜锅中烧热，放进葱、姜爆炒1分钟，再倾下肉末、美式香肠、虾米、冬菇翻炒数下，随即加入酱油1大

匙、盐¼茶匙、鸡精¼茶匙，快炒2分钟，肉香溢出即盛起。

4. 鸡蛋打散，放入面粉½杯、清水1½杯，搅匀成带稠的蛋汁，盛在盘中。

制作

1. 将豆皮一张摊平桌上，用刀面将肉馅涂满抹匀在豆皮上，卷起成条状。其余3张亦同。

2. 把豆皮卷在蛋汁里浸一浸，卷口处抹上少许蛋汁黏合。

3. 炒菜锅里烧热油5杯，4条豆皮卷一齐入锅，中火炸3分钟，皮色转黄就可以盛起沥油了。

4. 将豆皮卷切成2~3厘米小段，趁热吃最是可口。

五香蒸粉

成品数量　220克

材料	八角粉¼茶匙
	丁香粉¼茶匙
圆糯米110克	肉桂粉¼茶匙
籼米110克	

准备

糯米、籼米洗净沥干。

制作

1. 炒菜锅中放入糯米、籼米，加入八角粉、丁香粉、肉桂粉各¼茶匙，用小火拌炒8分钟，炒至米粒金黄，发出香味即盛起。

2. 炒香的米放入搅拌机中，参照122页打成极碎的粉粒，即为五香蒸粉，可以和其他材料配合拌匀，做成各式美味的粉蒸菜肴。

荷叶粉蒸肉

成品数量　20块

材料	盐1茶匙
	鸡精1茶匙
五香蒸粉⅔杯约170克	白砂糖1茶匙
猪五花肉900克	淡色酱油1大匙
新鲜荷叶3张	酱油½大匙
腌料	辣豆瓣酱1大匙
高粱酒1大匙	葱2根，切成葱花
麻油1大匙	姜6片，切成细末

准备

1. 五花肉洗净，连皮切成长6厘米、宽3厘米的肉块20块，盛入碗中。

2. 碗内加入腌料拌匀，腌30分钟。

3. 荷叶洗净，切除梗蒂，再切成八等份，靠近梗

右图上方为刚蒸好的荷叶粉蒸肉，剥开外叶如下方即可食用

说到粉蒸的菜肴
不能不提荷叶粉蒸肉
夏日里，摘下
水面青圆摇曳的荷叶
用来做一道
含带荷香的粉蒸肉
是人人欢迎的
夏天名菜

端较硬的部分切掉。

制作

1. 肉腌好后，倒入蒸肉粉拌匀。

2. 展开切好的叶片，中央摆好一块裹了蒸粉的五花肉，再卷包起来，放在盘上。其余的荷叶也同样包裹，放进盘里。

3. 大火煮滚水⅗锅，坐上蒸笼，连盘摆进笼中，加盖蒸1小时即可，取出剥开荷叶，趁热吃。

粉蒸南瓜

成品数量　8人份

材料	
五香蒸粉2杯约450克	熟油6大匙
南瓜2个约1800克	盐2茶匙
	鸡精1茶匙

南瓜
是蔬食中富含
多种维生素的食品
用蒸粉蒸食
特别软滑芬香
此外
蒸粉还可以蒸茼蒿
番薯等蔬食
口味宜淡
这就接近两湖菜肴
"软、烂、淡"
的特殊口味了

制作

1. 南瓜削皮后，对切开来，去籽。

2. 将南瓜的底部切去不要，以免味苦。再对切成四等份，每一等份横切成宽1厘米的小块，洗净放入锅中，撒入盐2茶匙、鸡精1茶匙，不停地晃动锅子，使南瓜充分翻拌浸味。

3. 5分钟后，看南瓜略为出水，再一把一把撒进蒸粉，边撒边摇晃锅子，让粉均匀裹住南瓜。撒到一半时，加熟油5大匙，继续撒粉、摇锅，直至蒸粉撒完。

4. 大碗中抹熟油1大匙，先将南瓜一块块整齐铺贴在碗底及碗壁上，然后再将中空部分继续铺至平满。锅中剩余的蒸粉则抹在最上头。

5. 炒菜锅内煮滚水⅗锅，摆上蒸笼，再放进南瓜碗，盖锅以大火蒸30~40分钟后，拿筷子试戳南瓜，如果软烂就表示熟了。取一大盘覆于碗上，翻过碗来将南瓜倒扣在盘上，即可上桌。

要诀

买南瓜时，可以选一个外皮颜色深一些的，再选一个颜色浅一些的。颜色深的削皮后色呈金黄；颜色浅的味道较甜，削皮后带些绿丝。铺摆碗底时，两种颜色相互配置，扣出来后黄绿相间，更是增色。

粉蒸南瓜

荷叶粉蒸鸽

成品数量　6块

材料	
五香蒸粉1杯约220克	肉鸽3只掏去内脏，约900克
	八角6粒
	干荷叶2张

熟油1½杯　　　　酱油2大匙

腌料

葱2根，拍碎　　　盐¾茶匙

老姜3片　　　　　鸡精¼茶匙

米酒2大匙　　　　白砂糖¼茶匙

准备

1. 先将肉鸽的头颈切去，再从胸部对切成两半，并切去背骨。然后拆去腿骨以及与鸽身相连的最上一节翅骨，只要在腿及翅膀内侧，用刀在骨头两端稍剁一个口子，露出骨头，即可由此取出。脚爪亦切去不用。

2. 用刀面拍一拍鸽肉，使其余的骨头碎断、压平，不致在包裹时刺破荷叶。

3. 将腌料拌入鸽肉中，腌浸30分钟使其入味。

4. 干荷叶用开水烫一烫，洗净，切成六等份。靠近荷梗较硬的部分修去不用。

制作

1. 挑去腌料中的葱姜，倒入蒸粉1杯、熟油2大匙与鸽肉6块拌和，使鸽肉每面均沾裹上一层蒸粉。

2. 在一片荷叶上涂抹少许熟油，包入鸽肉1块及八角1粒，包妥后，荷叶若过长，可用刀修齐，其余5份亦同。鸽的头颈亦沾裹蒸粉，与6个荷叶包一同排在盘上，放入蒸笼中。

3. 在与蒸笼口径同大的锅中，煮滚水⅔锅，坐上蒸笼，以大火蒸1小时30分钟，再以筷子试插荷叶包，如能插透，即表示鸽肉已熟。

要诀

1. 荷叶可用新鲜的，唯其有时节性，不若干荷叶随时可得。

2. 包裹鸽肉时，在荷叶上抹油，是为蒸熟食用时便于剥除，不致搭粘不下。

米浆类

米除了可以做饭、粥、糕、粿，别忘了，米还可以做非常好喝的米浆类食物。

在传统的中国家庭食品中，育婴常用煮熟的米浆。久而久之，米浆加上各种特殊配方，就连成人也深深爱上这类食品。

譬如说掺进研细杏仁的杏仁茶，爽口好喝，还有润肺止咳的功能。如果再溶进些洋菜（琼脂），又能做成杏仁豆腐，冰镇后是美味的消暑圣品。

此外，米浆加上核桃、桂圆、红枣做的核桃酪，则是严冬祛寒的滋补饮料。芝麻糊还具有美发润肤的奇妙药效。

米浆食品中最家常的一项，要算用花生、白芝麻做的米乳了。在这里，我们改用糙米来做。香热又营养的糙米乳，是最佳的早餐食品。一杯饮下，全身暖畅，使人充满活力地面对新的一天。

杏仁茶

成品数量　8人份

材料	
	北杏仁½杯
	南杏仁2½杯
粳米¾杯	白砂糖⅞杯

准备
1. 混合南杏、北杏，以热水浸泡10分钟后去皮，续浸3小时。
2. 洗净粳米，浸泡3小时。

制作
1. 将杏仁与粳米沥干后混合，加水5杯，以小石磨碾细。
2. 碾好的杏仁米浆以双层纱布过滤一回，用手将纱布绞紧榨干，漏出的即为杏仁茶。剩余的杏仁渣可再加水过滤两回，每次加水3杯，漏出的浆汁与第一回的混合，倒入锅中。
3. 以大火烧热锅中的杏仁茶，并加白砂糖½杯徐徐搅匀，以免粘锅，俟其滚热即熄火盛出。

要诀
1. 杏仁为止咳佳品，但有南杏、北杏之分，南杏较甜，北杏虽苦涩但却十分清香，所以制杏仁茶时，以南杏为主，间配些北杏，兼取其长。冬天热饮、夏天冰凉饮之均佳。
2. 如将砂糖易为冰糖，更添润肺止咳之效。
3. 以石磨碾杏仁，可碾得较细，如果没有石磨，

左图中央为清香甘润的杏仁茶，左下方为煎好的杏仁饼

改用搅拌机亦可。

应用

杏仁饼

剩余的杏仁渣不要丢弃，加入水磨糯米粉8大匙、水磨籼米粉2大匙及白砂糖4大匙，以手揉匀，再捏出小团，放在掌心上按成厚0.7厘米的薄饼，用小饼干模型扣出花形。约可做出30个小杏仁饼。再分三四次将小饼放入抹上一层薄油的锅中，以中火煎至两面微黄即可盛出，配杏仁茶食用，相得益彰。

大师傅一勺一勺地将杏仁和粳米舀进石磨，慢慢磨成浆

杏仁汁与米浆
做杏仁茶
杏仁渣则与
糯米粉、籼米粉
煎成香酥的杏仁饼
喝一口杏仁茶
嚼一片杏仁饼，真是
物尽其用
滋味无穷！

杏仁豆腐

成品数量　8人份

材料	
	洋菜（琼脂）40克
	什锦水果罐头1罐
粳米½杯	菠萝罐头1罐
杏仁露3杯	白砂糖300克

学会了做杏仁茶
可别忘了
做杏仁豆腐
杏仁质性清凉
做成冻凝的杏仁豆腐
加上多种水果
及甜汁，是夏日
消暑又解渴的神品

准备

1.冰箱内制一盒冰块，什锦水果和菠萝罐头也放进冰箱冷藏。

2.米洗净，浸水3小时后沥干，加水1$\frac{1}{2}$杯，参照122页打成米浆。

制作

1.锅中加水12杯以大火煮滚，转小火，放入洗净的洋菜，煮至完全溶化，再徐徐倒下米浆，边倒边搅，才不致结块。再倒下白砂糖300克，煮滚后熄火，淋入杏仁露3杯，搅拌均匀后，以细纱布过滤到另一个锅中，待凉后放入冰箱冷藏1小时冻凝，即成杏仁豆腐。

2.凝结后用锅铲一次铲起厚1厘米的大片，再用小刀切割成1厘米立方的丁块，置入大碗中，

其余的杏仁豆腐同法铲起切丁，切完后加入连汁的水果罐头和冰块即成。

花生糊

成品数量　8人份

材料	黄砂糖300克
	牛奶$\frac{1}{2}$杯
粳米$\frac{1}{2}$杯	玉米粉2茶匙
去皮花生230克	油5杯

准备

玉米粉加水$\frac{1}{2}$杯，调和均匀备用。

制作

1.烧热炒菜锅，倒下粳米，小火翻炒至米色呈金

杏仁豆腐

3. 炸好的花生和入米中，加水8杯，参照122页分3次打成花生米浆，每次10分钟，再用筛网滤进锅里。

4. 将锅放于小火上熬煮，边煮边轻轻搅拌，以免结粒、粘锅。煮到大滚时，拌进黄砂糖300克，并调下玉米粉水，使花生糊更加浓稠，再继续煮至沸腾，即可熄火，淋下牛奶½杯调匀就成了。冬天热食，夏天冰冻后冷食，都很相宜。

糙米乳

成品数量　8人份

材料	去皮花生80克
	白芝麻20克
糙米½杯	白砂糖200克

准备

1. 糙米洗净，浸泡5小时沥干，加水1杯，参照122页打成米浆。

2. 花生、芝麻洗净沥干。

3. 花生放入炒菜锅中，用小火炒10分钟，再加入芝麻合炒2分钟，炒至金黄即可。

4. 炒香的花生、芝麻，加水1杯用搅拌机搅打3分钟，每打1分钟须略加休息，打好的浆用筛网滤过。

制作

1. 锅中倒水10杯煮开，倒入砂糖200克煮化。

2. 将米浆和花生芝麻浆倒入锅内，以小火熬煮，边煮边轻轻搅拌，才不会糊粘锅底，煮开后就可以食用。

要诀

花生选颗粒大些的，油质够，炒起来也香。

早安！米乳
米乳是中国传统的
早餐饮料
滋味略带焦香
醇味胜过牛乳多多
如果用糙米来做
其营养就更为丰富
来，学做糙米乳
使家人更健康吧！

黄、香味发出，再取出洗净。

2. 炒菜锅中烧热油5杯，放入花生以小火慢炸，四五分钟后炸脆炸黄，沥起冷却。

花生糊

糙米乳

核桃酪

炸。炸时不停以锅铲翻动，才不致粘锅。10分钟后核桃颜色转黄，铲起一小撮往锅内沿轻轻抛撒，若核桃敲锅时声音清脆，即可捞起沥油，凉后剁碎。注意炸时不要炸得过焦，以免味道变苦。

2. 剁碎的核桃倾入搅拌机中，加水4杯，参考122页搅打匀细。

3. 将糖2杯及水5杯一起倒入锅中，倾下桂圆肉，搅匀。核桃浆也一并注入，以中火烧煮，煮时缓缓搅动。快烧开时，拌入红枣，再淋下米浆，轻轻搅匀。煮滚后改小火熬3分钟就可盛碗上桌了。

太极糊

成品数量　8人份

材料

	黑芝麻150克
	冰糖230克
粳米$\frac{1}{2}$杯	牛奶$\frac{1}{4}$杯
白芝麻150克	玉米粉2茶匙

准备

玉米粉加水$\frac{1}{2}$杯，调和均匀备用。

制作

1. 烧热炒菜锅，倒入粳米，小火翻炒至米色呈金黄、香味发出，再取出洗净。

2. 再烧热炒菜锅，小火烘炒白芝麻，直至香味四溢，盛出泡水10分钟，让芝麻中的沙粒沉底，才将芝麻盛起，漂洗3次洗净。

3. 白芝麻和入一半的米中，加水4杯，参照122页分两次打成芝麻米浆，每次加水2杯，搅打5分钟，再用筛网滤进锅里。

4. 将锅放于小火上熬煮，边煮边轻轻搅拌，以免结粒、粘锅。一煮滚，立刻拌进一半冰糖煮溶，并调下一半玉米粉水，使芝麻糊更为黏稠，再续煮至沸腾，即可熄火，淋下牛奶$\frac{1}{4}$杯调匀，白芝麻糊就煮成了。

5. 黑芝麻也以相同方式炒香、洗净，加另一半米打浆煮沸。唯一不同的是不加牛奶，因黑芝麻色黑，加牛奶使颜色变浊，反而不美。

6. 黑、白芝麻糊分别煮好以后，取一只大碗，中间立起一张干净的硬纸板，长度略长于碗的直径，高度略高于碗深，弯成太极图的弧线形状。在纸两侧同时倒下黑、白芝麻糊至八分满，再以汤匙轻轻各滴下一滴异色的芝麻糊，抽开纸板，太极图就呈现眼前了。此时稠浓的糊已经半凝，不会相混，即可端上桌。

核桃酪

成品数量　12人份

在这里
我们以太极糊
为整本食谱的终结
太极糊以
形象特殊引人注目
我们却以为
太极象征了
无穷变化的开始
至此，你已读完了
整本食谱
领会到米食制作
的多种诀窍
相信你
一定可以自由变化
创造出更多
更美好的米食

材料

	桂圆肉1杯
	红枣150克
籼米1杯	白砂糖2杯
核桃仁4杯	油3杯

准备

1. 籼米洗净，泡水3小时沥干，加水1杯，参照122页打成米浆。

2. 核桃仁浸于温水中1小时，捞起放入锅中，加水3杯，大火煮15分钟至软，改小火熬5分钟，沥干待凉。

3. 锅中煮滚水4杯，放入红枣，以中火煮30分钟至烂，取出待凉，剥取枣肉剁碎。桂圆肉也洗净斩碎。

制作

1. 炒菜锅中烧热油3杯，倾下核桃，用小火慢

右图为取黑芝麻、白芝麻色香的太极糊

索 引

按首字笔画数排列

中国米食
ZHONGGUO MISHI

ECHO 汉声

《中国米食》

作者：汉声杂志社

Copyright©1983 英文汉声出版股份有限公司

原中文繁体字版由台北英文汉声出版股份有限公司出版

中文简体字版由台北英文汉声出版股份有限公司授权

著作权合同登记号桂图登字：20-2022-005 号

图书在版编目（CIP）数据

中国米食／汉声编辑室著. —桂林：广西师范大学
出版社，2022.5

（汉声技艺丛书）

ISBN 978-7-5598-4739-3

Ⅰ．①中… Ⅱ．①汉… Ⅲ．①米制食品－食谱－中国
Ⅳ．① TS972.131

中国版本图书馆 CIP 数据核字（2022）第 017421 号

广西师范大学出版社出版发行

　广西桂林市五里店路 9 号　邮政编码：541004

　网址：http://www.bbtpress.com

出版人：黄轩庄

全国新华书店经销

北京启航东方印刷有限公司印刷

　北京市大兴区春林大街 16 号 2 幢 2 层 201　邮政编码：102629

开本：889mm×1 194mm　1/16

印张：13　字数：200 千

2022 年 5 月第 1 版　　2022 年 5 月第 1 次印刷

印数：0 001 ~ 6 000 册　　定价：108.00 元

如发现印装质量问题，影响阅读，请与出版社发行部门联系调换。

中国米食

汉声工作人员

策 划 及 美 术 指 导	黄 永 松
总 编 辑	吴 美 云
副 总 编 辑	姚 孟 嘉 奚 淞
资 深 编 辑	唐 香 燕
执 行 编 辑	孙 芳 鹃
美 术 编 辑	李 升 达
副 文 字 编 辑	李 鹤 立 廖 静 娴 郑 慧 卿 林 慧 瑛
副 美 术 编 辑	官 月 淑
美 术 组	曾 明 惠 范 维 嫄 陈 美 儿 赵 蕴 娴
图 解 制 作	万 华 国 黄 美 玲
文 字 组	吴 英 明 林 云 阁 谢 慧 娟
摄 影	黄 永 松 李 升 达

简 体 字 版 制 作	
策 划	北 京 汉 声
美 术 编 辑	罗 敬 智 何 羽
文 字 编 辑	李 博 羽
印 务	何 羽

烹饪技术顾问
陈亨、华兴仁、万心泉
叶锡祺、罗俊

本书的完成要特别感谢
李良菊、李康龄、沈映冬
林洋元、林黄招弟、林金凤
于培君、吴淑媛、吴郑德惠
邱喜妹、胡木兰、胡丽美
姚春花、孙义方、徐天意
张永欣、张淑华、郭立诚
陈林文珍、陈秋松、陈准
曹倩、黄曰秀、黄李吉平
黄彩勤、黄黑龙、曾金城
程宗琦、彭冠群、傅素祯
董大成、道楚珩、廖刘淑容
郑明进、郑雪英、郑极
樊曼侬、赖惠凤、戴定国
谭凝庆、苏兆明、千巨艺廊
立家专卖店、老大房食品公司
全美堂餐厅、合兴糕团店
两湖小馆、唯一制粉厂
郭元益饼店、莫记饭馆
云南人和园、新利餐厅
新海霸王港式餐厅
龙凤茶楼

封面：以采集自世界各地的不同米粒，拼
排出一个"米"字，米字外围则以稻谷
铺排托衬。
封面设计：黄永松
图片来源：19～22页由台北故宫博物院提
供，23、25页由张唯勤提供，64页由郎静
山提供，168页由黄永松提供。